游戏研发系列

Unity & VR 游戏
美术设计实战

李胜男　王　砚　王茂慧　李瑞森　编著

电子工业出版社
Publishing House of Electronics Industry
北京·BEIJING

内 容 简 介

本书是一本介绍 VR 技术及 VR 游戏设计和制作的实例教程。全书分为五大部分：第一部分主要讲 VR 技术的概念、发展简史、应用领域及其与虚拟游戏的关系；第二部分主要讲 VR 游戏开发基础，包括主流的 VR 硬件设备和开发平台、VR 游戏制作的软件和游戏引擎等；第三部分讲 3ds Max 软件的基础操作，包括模型的创建与编辑及贴图的制作；第四部分讲 Unity 引擎在 VR 游戏美术设计中的应用，包括 Unity 引擎编辑器软件界面和菜单、各种系统功能、基础操作等；第五部分是 VR 游戏场景实例制作，讲解如何利用 3ds Max 和 Unity 引擎编辑器来制作游戏场景并实现其 VR 体验。

本书内容全面、结构清晰、通俗易懂，既可作为 VR 技术和 VR 游戏爱好者的基础教材，也可作为高校相关专业的教材。

未经许可，不得以任何方式复制或抄袭本书之部分或全部内容。
版权所有，侵权必究。

图书在版编目（CIP）数据

Unity ＆ VR 游戏美术设计实战 / 李胜男等编著．—北京：电子工业出版社，2020.1
（游戏研发系列）
ISBN 978-7-121-38294-9

Ⅰ．①U… Ⅱ．①李… Ⅲ．①游戏程序－程序设计 Ⅳ．①TP311.5

中国版本图书馆 CIP 数据核字（2020）第 014727 号

责任编辑：张　迪　　　特约编辑：田学清
印　　刷：北京捷迅佳彩印刷有限公司
装　　订：北京捷迅佳彩印刷有限公司
出版发行：电子工业出版社
　　　　　北京市海淀区万寿路 173 信箱　　　邮编：100036
开　　本：787×1092　　1/16　　印张：17.25　　字数：367.1 千字
版　　次：2020 年 1 月第 1 版
印　　次：2023 年 1 月第 8 次印刷
定　　价：69.00 元

凡所购买电子工业出版社图书有缺损问题，请向购买书店调换。若书店售缺，请与本社发行部联系，联系及邮购电话：(010) 88254888，88258888。
质量投诉请发邮件至 zlts@phei.com.cn，盗版侵权举报请发邮件至 dbqq@phei.com.cn。
本书咨询联系方式：(010) 88254469，zhangdi@phei.com.cn。

前　言

虚拟游戏是科技进步的产物，被誉为21世纪的"第九艺术"。每一种艺术都有区别于其他艺术的形式和特点，虚拟游戏的最大特点就是体验性，从早期的简单交互到后来游戏画面的日益精细，虚拟游戏一直在追求为用户带来全方位的真实体验，这种体验并不仅仅局限于视觉画面。

从20世纪50年代开始，科学家和发明家们就开始尝试研发沉浸式的视觉显示设备，他们在探索的道路上不断前进，今天终于取得了长足的进步，这也就是我们如今所说的VR。VR是英文Virtual Reality的简称，中文翻译为"虚拟现实"，是一种可以创建和体验虚拟世界的计算机仿真系统。VR技术让人类对虚拟世界触手可及。当VR与虚拟游戏结合后，更是让虚拟游戏的体验感获得了前所未有的提升，而这种全新的体验感是以往任何一种艺术形态都望尘莫及的。

本书是一本介绍VR技术及VR游戏设计和制作的实例教程。全书分为五大部分：第一部分主要讲VR技术的概念、发展简史、应用领域及其与虚拟游戏的关系；第二部分主要讲VR游戏开发基础，包括主流的VR硬件设备和开发平台、VR游戏制作的软件和游戏引擎等；第三部分讲3ds Max软件的基础操作，包括模型的创建与编辑及贴图的制作；第四部分讲Unity引擎在VR游戏美术设计中的应用，包括Unity引擎编辑器软件界面和菜单、各种系统功能、基础操作等；第五部分是VR游戏场景实例制作，讲解如何利用3ds Max和Unity引擎编辑器来制作游戏场景并实现其VR体验。

书中不仅介绍了VR技术的相关内容，还选取当下非常流行的Unity引擎编辑器作为软件引擎编辑器进行讲解。书中内容的编排顺序也基本遵循从易到难、由小及大的原则。实例制作章节中的内容也严格按照一线游戏制作公司的工作流程来讲解,同时巩固前面章节中所讲解的基础内容,让实例教学部分发挥出最大作用。

由于编著者水平有限,书中疏漏之处在所难免,敬请广大读者提出宝贵意见。

目　录

第 1 章　VR 游戏设计概论 1
1.1　VR 的概念 1
1.2　VR 的发展简史 5
1.3　VR 技术的应用领域 14
1.4　VR 与虚拟游戏 21
1.5　VR 技术的未来发展前景 27

第 2 章　VR 游戏开发基础 29
2.1　VR 技术的实现基础 29
2.2　主流的 VR 硬件设备 35
　　2.2.1　Oculus Rift 35
　　2.2.2　HTC Vive 39
　　2.2.3　Sony PlayStation VR 43
　　2.2.4　Samsung Gear VR 46
　　2.2.5　Google Daydream 49
　　2.2.6　iGlass 52
2.3　VR 游戏开发平台介绍 53

第 3 章　VR 游戏美术设计基础 57
3.1　3ds Max 软件介绍 57
3.2　游戏引擎的定义 62

3.3 游戏引擎的发展史 65
3.3.1 游戏引擎的诞生 65
3.3.2 引擎的发展 67
3.3.3 游戏引擎的革命 69
3.4 Unity 引擎介绍 72

第 4 章 3ds Max 游戏建模和贴图 76
4.1 3ds Max 软件安装与基础操作 76
4.2 3ds Max 模型的创建与编辑 89
4.2.1 几何体模型的创建 89
4.2.2 多边形模型的编辑 92
4.3 3D 模型贴图技术 100
4.3.1 3ds Max UVW 贴图坐标技术 100
4.3.2 模型贴图的制作 107

第 5 章 Unity 引擎编辑器基础讲解 115
5.1 Unity 引擎编辑器软件的安装 115
5.2 Unity 引擎编辑器软件界面讲解 118
5.2.1 项目面板 119
5.2.2 层级面板 119
5.2.3 工具栏 120
5.2.4 场景视图窗口 121
5.2.5 游戏视图窗口 123
5.2.6 属性面板 124
5.3 Unity 引擎编辑器软件菜单讲解 125
5.3.1 File 菜单 125
5.3.2 Edit 菜单 126
5.3.3 Assets 菜单 127
5.3.4 GameObject 菜单 128
5.3.5 Component 菜单 129
5.3.6 Terrain 菜单 129
5.3.7 Window 菜单 130

　　　　5.3.8　Help 菜单 130

第6章　Unity 引擎编辑器的系统功能 132

6.1　地形编辑功能 132
6.2　模型编辑功能 139
6.3　光源系统 140
6.4　Shader 系统 144
6.5　Unity 粒子系统 150
6.6　动画系统 152
6.7　物理系统 153
6.8　脚本系统 158
6.9　音效系统 159
6.10　Unity 的输出功能 160

第7章　Unity 粒子系统 163

7.1　粒子系统面板参数 163
7.2　Unity 粒子系统实例——火焰的制作 169
7.3　Unity 粒子系统实例——落叶的制作 175

第8章　Unity 引擎模型的导入与编辑 180

8.1　3ds Max 模型的导出 180
　　8.1.1　3ds Max 模型制作要求 180
　　8.1.2　模型比例设置 184
　　8.1.3　.FBX 文件的导出 186
　　8.1.4　场景模型的制作流程和检验标准 187
8.2　Unity 引擎模型的导入 189
8.3　Unity 引擎编辑器模型的设置 190

第9章　Unity/VR 游戏场景实例制作 192

9.1　3ds Max 场景模型的制作 194
　　9.1.1　场景建筑模型的制作 194
　　9.1.2　场景装饰道具模型的制作 204
　　9.1.3　山体岩石模型的制作 214

9.1.4　树木植被模型的制作 220
9.2　Unity 地形的创建与编辑 228
9.3　模型的导入与设置 235
9.4　Unity 场景元素的整合 238
9.5　添加场景特效 245
9.6　场景音效与输出设置 250

第 10 章　HTC Vive VR 场景效果实现 254
10.1　安装 HTC Vive 硬件设备 254
10.2　Unity 插件的安装与设置 260
10.3　HTC Vive 运行与 VR 游戏场景浏览 263

第1章

VR 游戏设计概论

1.1 VR 的概念

VR 是英文 Virtual Reality 的简称,中文翻译为"虚拟现实"。VR 最初是一个概念,经过发展和推进,现已逐渐落实和进化为一种应用技术。从技术的角度简单来说,虚拟现实技术是一种可以创建和体验虚拟世界的计算机仿真系统,它利用计算机生成一种虚拟环境,通过多源信息融合的、交互式的三维动态视景和实体行为的系统仿真使用户沉浸到该环境中。

"VR"这一名词与概念是由美国 VPLResearch 公司创建人贾龙·拉尼尔(Jaron Lanier)(见图 1-1)在 20 世纪 80 年代初提出的,最初被称为"灵境"技术或"人工环境"。作为一项尖端科技,虚拟现实技术集成了计算机图形技术、计算机仿真技术、人工智能、传感技术、显示技术、网络并行处理等技术的最新发展成果,是一种由计算机生成的高技术模拟系统,它最早源于美国军方的作战模拟系统,20 世纪 90 年代初逐渐为各界所关注,并且在商业领域得到了进一步的发展。这种技术利用计算机产生一种人为虚拟的环境,这种虚拟的环境是通过计算机图形构成的三维数字模型,并编制到计算机中去生成一个以视觉感受为主,也包括听觉、触觉的综合可感知的人工环境,从而使得人在视觉上产生一种沉浸于这个环境的感觉,可以直接观察、操作、触摸、检测周围环境及事物的内在变化，并能与之发生"交互"作用，使人和计算机很好地融为一体，给人一种身临其境的感受。

图1-1 "虚拟现实之父"——贾龙·拉尼尔

虚拟现实技术主要有以下几个特点：（1）多感知性，指除一般计算机所具有的视觉感知外，还具有听觉感知、触觉感知、运动感知，甚至还包括味觉感知、嗅觉感知等，理想的虚拟现实应该具有一切人所具有的感知功能；（2）存在感，指用户感到作为主角存在于虚拟环境中的真实程度，理想的虚拟环境应该达到使用户难辨真假的程度（见图1-2）；（3）交互性，指用户对虚拟环境内物体的可操作程度和从环境中得到反馈的自然程度；（4）自主性，主要指虚拟环境中的物体依据现实世界中的物理运动定律运动的程度。

图1-2 虚拟现实技术让人身临其境

具备以上几个特点的虚拟现实技术是当今计算机技术与思维科学相结合的产物，它的出现为人类认识世界开辟了一条新途径。虚拟现实技术的出现可以让用户用更加自然的方式与虚拟环境进行交互操作，改变了过去人们除了亲身经历，就只能间接了解环境的模式，从而有效地扩展了自己的认知手段和领域。另外，虚拟现实不仅仅是一个演示媒体，而且还是一个设计工具，它以视觉形式产生一个适人化的多维信息空间，为我们创建和体验虚拟世界提供了有力的支持。

由于虚拟现实技术具有实时三维空间表现能力、人机交互式的操作环境及能给人带来身临其境的感受，使得它在当今许多领域中得到了不同程度的发展，并且越来越显示出广阔的应用前景。虚拟现实技术将使众多传统行业和产业发生革命性的变革。

虚拟现实技术的目的就是达到真实体验和基于自然技能的人机交互，能够达到或部分达到这个目的的系统我们就可以称为虚拟现实系统。从这个意义上来说，目前虚拟现实技术主要分为以下四类。

1. 桌面级虚拟现实技术

桌面级虚拟现实技术利用个人计算机和低级工作站进行仿真，将计算机的屏幕作为用户观察虚拟世界的一个窗口。通过各种输入设备，实现虚拟世界与现实世界的充分交互，这些设备包括鼠标、追踪球、力矩球等。桌面级虚拟现实技术要求参与者使用输入设备，通过计算机屏幕观察 360°范围内的虚拟环境，并操纵其中的物体。但这时参与者不能完全沉浸其中，因为他仍然会受到周围现实环境的干扰。桌面级虚拟现实技术最大的特点是缺乏真实的现实体验，但是成本也相对较低，因而，应用比较广泛。常见的桌面级虚拟现实技术有基于静态图像的虚拟现实 QuickTime VR、虚拟现实造型语言 VRML、桌面三维虚拟现实、MUD 等（见图 1-3）。

图 1-3　微博上风靡的全景照片就属于桌面级虚拟现实技术

2. 沉浸式虚拟现实技术

沉浸式虚拟现实技术提供完全沉浸的体验，使用户有一种置身于虚拟世界中的感觉。它利用头盔式显示器（见图 1-4）或其他设备，把参与者的视觉、听觉和其他感觉封闭起来，提供一个新的、虚拟的感觉空间，并利用位置跟踪器、手控输入设备、声音等，使参与者产生一种身临其境、全心投入和沉浸其中的感觉。常见的沉浸式虚拟现实系统有基于头盔式显示器的系统、投影式虚拟现实系统、远程存在系统。

图 1-4　头盔式显示器

3．增强现实性的虚拟现实技术

增强现实性的虚拟现实技术不仅利用虚拟现实技术来模拟现实世界、仿真现实世界，而且要利用它来增强参与者对真实环境的感受，也就是增强现实中无法感知或不方便感知的感受。典型的实例是战斗机飞行员的平视显示器，它可以将仪表读数和武器瞄准数据投射到安装在飞行员面前的穿透式屏幕上，使飞行员不必低头读座舱中仪表的数据，从而可集中精力盯着敌人的飞机或导航偏差（见图 1-5）。

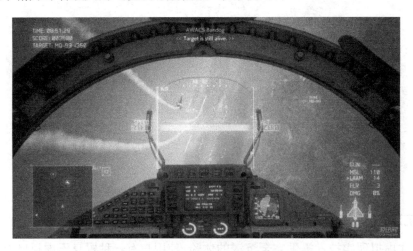

图 1-5　战斗机的投影显示屏

4．分布式虚拟现实技术

如果多个用户通过计算机网络连接在一起，同时进入一个虚拟空间，共同体验虚拟经历,则虚拟现实提升到了一个更高的境界,这就是分布式虚拟现实技术。在分布式虚拟现实系统中,多个用户可通过网络对同一虚拟世界进行观察和操作,以达到协同工作的目的。目前典型的分布式虚拟现实系统是 SIMNET。SIMNET 由坦克仿真器通过网络连接而成,用于部队的联合训练。通过 SIMNET,位于德国的仿真器可以和位于美国的仿真器运行在同一个虚拟世界中,参与同一场作战演习。

1.2 VR 的发展简史

有人把 2016 年称为 VR 元年,因为在这一年中,大量新型的 VR 技术、软件产品和硬件设备以井喷式出现。到目前为止,VR 技术都属于一个非常新的技术领域,但其概念早在若干年前就已经萌芽和出现。VR 的发展大致经历了 5 个阶段,下面我们就来了解一下 VR 的发展历史。

1. 第一阶段:概念幻想时期(1932—1961 年)

20 世纪 60 年代之前,虚拟现实技术以模糊幻想的形式见诸各大文学作品中。其中,非常著名的是英国著名作家阿道司·赫胥黎(Aldous Leonard Huxley)(见图 1-6)在 1932 年发表的长篇小说《美丽新世界》。这本书以 26 世纪为背景,描绘了机械文明下的未来社会中人们的生活场景,里面提到头戴式设备可以为观众提供图像、气味、声音等一系列的感官体验,以便让观众能够更好地沉浸在电影的世界中。之后 1935 年,美国著名科幻小说家斯坦利·威因鲍姆发表了小说《皮格马利翁的眼镜》(见图 1-7)。小说中提到一个叫阿尔伯特·路德维奇的精灵族教授发明了一副眼镜,戴上这副眼镜后就能进入电影中,可以看到、听到、尝到、闻到和触到各种东西,人们能够跟电影中的人物交流。这两篇小说是目前公认的对沉浸式体验的最初描写,里面提到的设备预言了今天的 VR 头盔。

图 1-6 《美丽新世界》作者阿道司·赫胥黎

图 1-7　小说《皮格马利翁的眼镜》中的概念插图

人类对科技的挺进，最先都是基于文学或艺术作品体现出来的。首先由一个作家在一个作品中提出，然后会有另一个作家在另一个作品中进行完善，慢慢地把人们在社会发展过程中所遇到的需求包装成科幻作品提出来，等待着科学家们来实现。1950 年，美国科幻作家雷·道格拉斯·布莱伯利（见图 1-8）在小说《大草原》中提到了 VR 旅游的桥段。小说中提到一所叫 Happylife 的房子，里面装满了各种各样的机器，能让孩子置身于非洲大草原并产生身临其境的感觉，这就是我们今天在 VR 领域中所说的"沉浸感"体验。

图 1-8　著名科幻作家雷·道格拉斯·布莱伯利

2. 第二阶段：技术萌芽时期（1962—1972 年）

1957 年，电影摄影师莫顿·海利希（Morton Heiling）开始研发名为 Sensorama 的仿真模拟器，并在 1962 年为这项技术申请了专利，这就是虚拟现实原型机（见图 1-9）。1967 年，莫顿·海利希制作了一个多感知仿环境的虚拟现实系统，这套被称为

Sensorama Simulator 的系统是历史上第一套 VR 系统。Sensorama 通过三面显示屏来形成空间感,它无比巨大,用户需要坐在椅子上将头探进设备内部才能体验到沉浸感(见图 1-10)。由莫顿·海利希开始,虚拟现实技术继续在文学领域内发酵,同时也有科学家开始介入研究。

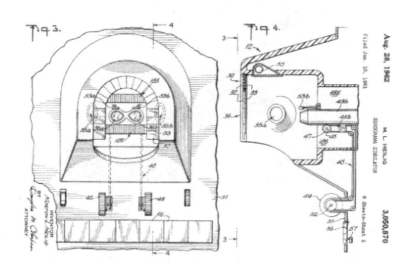

图 1-9 Sensorama 的专利设计图纸

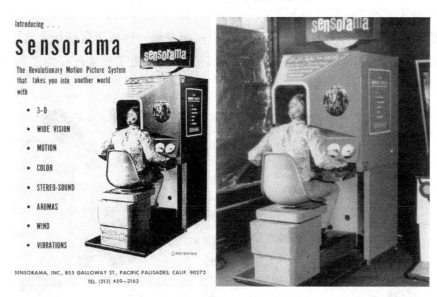

图 1-10 Sensorama Simulator 系统

1963 年,未来学家雨果·根斯巴克(Hugo Gernsback)在 Life 杂志的一篇文章中探讨了莫顿·海利希的另一件发明——Teleyeglasses,据说这是他在 30 年以前所构思的一款头戴式的电视收看设备。这款设备由电视、眼睛和眼镜组成,虽然从实用性方面来说，当时这款设备的价值几乎为零，但从外形来看，其已经非常接近我们今天的 VR 设备了（见图 1-11）。

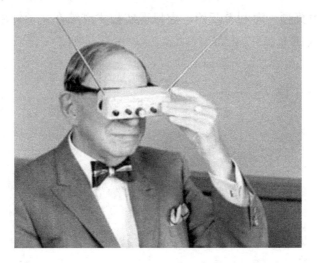

图 1-11 莫顿·海利希发明的 Teleyeglasses

1968 年，美国"计算机图形学之父"——伊凡·苏泽兰特（Ivan Sutherland）开发了第一个计算机图形驱动的头盔显示器及头部位置跟踪系统，但是由于受限于当时的技术，这套设备的体积非常大，而且需要在天花板上设计专门的支撑杆，因此被人们戏称为悬在头上的"达摩克利斯之剑"（见图 1-12）。这项发明从概念意义上来说已经非常接近今天的 VR 头盔，但在当时与前面两项发明一样都没有获得实质性的成功。即便如此，经过这些人的努力，VR 终于从科幻小说中走了出来，开始面向现实并出现了实物的雏形。

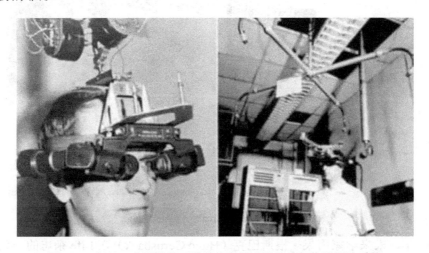

图 1-12 伊凡·苏泽兰特开发的头盔显示器及头部位置跟踪系统

由于 20 世纪 60 年代尚无现代计算机图形学出现，同时计算机的运算能力极为有限,因此虚拟现实技术处于十分原始的阶段。但头盔显示器的出现是虚拟现实技术发展史上一个重要的里程碑,此阶段也是虚拟现实技术的探索阶段,为日后虚拟现实技术的发展奠定了基础。

3. 第三阶段:技术积累时期(1973—1989年)

1973年,美国人Myron Krurger正式提出"Virtual Reality"的概念,虚拟现实的幻想逐渐从小说延伸到电影。科幻小说家弗诺·文奇(Vernor Steffen Vinge)于1981年出版的中篇小说《真名实姓》和威廉·吉布森于1984年出版的重要科幻小说《神经漫游者》中都有关于VR的描述。而在1982年,由史蒂文·利斯伯吉尔执导,杰夫·布里吉斯等人主演的《电子世界争霸战》(TRON)上映,该电影第一次将虚拟现实带给大众,对后来类似题材的电影影响深远(见图1-13)。

图1-13 《电子世界争霸战》中的角色设定图

整个20世纪80年代,美国科技圈掀起了一股VR热,VR甚至出现在了《科学美国人》和《国家寻问者》杂志的封面上。1983年,美国国防部高级研究计划署(DARPA)与陆军共同制订了仿真组网(SIMNET)计划,随后美国宇航局(NASA)开始开发用于火星探测的虚拟环境视觉显示器。这款为NASA服务的虚拟现实设备叫VIVED VR,其能在训练的时候帮助宇航员增强太空工作临场感。1986年,"虚拟工作台"的概念也被提出,裸视3D立体显示器开始被研发出来。1987年,游戏公司任天堂推出了Famicom 3D System眼镜(见图1-14),其采用主动式快门技术,通过转接器连接任天堂游戏机使用,这比任天堂后来推出的Virtual Boy早了近十年。

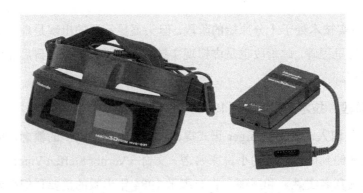

图 1-14　任天堂推出的 Famicom 3D System 眼镜

1984 年，贾龙·拉尼尔（Jaron Lanier）创办了 VPL Research 公司，先后推出了一系列 VR 产品，包括 VR 手套 DataGlove、头戴式显示器 EyePhone（见图 1-15）、环绕音响系统 AudioSphere、3D 引擎 Issac、VR 操作系统 BodyElectric 等。尽管这些产品价格昂贵，但 VPL Research 公司是第一家将 VR 设备推向民用市场的公司，而贾龙·拉尼尔也进一步诠释了"Virtual Reality"的概念，得到了大家的正式认可，因此他被称为"虚拟现实之父"而载入史册。

图 1-15　VPL Research 公司推出的虚拟现实设备

4. 第四阶段：产品迭代时期（1990—2011 年）

到了 20 世纪 90 年代，VR 热潮开始了全球性的蔓延。1992 年，随着 VR 电影《剪草人》的上映，VR 在当时的大众市场中引发了一个小高潮，并直接促进街机游戏 VR 的短暂繁荣。美国著名的科幻小说家尼尔·斯蒂芬森（Neal Stephenson）的虚拟现实小说《雪崩》也在这一年出版，掀起了 20 世纪 90 年代的 VR 文化小浪潮。

从 1992 年到 2002 年，出现了多部以虚拟现实为题材的电影作品，如 1994 年的《披露》、1995 年的《捍卫机密》、2000 年的《X 档案》、2001 年的《睁开你的双眼》、2002 年的《少数派报告》等。而最为著名的莫过于 1999 年上映的《黑客帝国》，它以全新的题材和呈现方式展示了一个全新的世界,这种将 VR 理念极致化的阐述方式仿佛揭示了未来虚拟现实行业的终极追求(见图 1-16)。

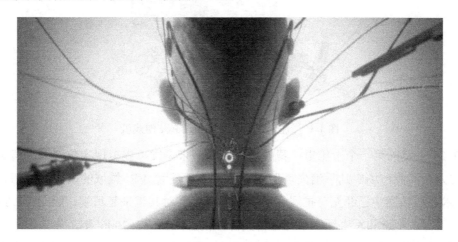

图 1-16　《黑客帝国》中人类与虚拟现实的连接方式

1991 年,一款名为"Virtuality 1000CS"的 VR 头盔上市,这款在 VR 浪潮中率先诞生的产品却展现了 VR 产品的尴尬之处——外形笨重、功能单一、价格昂贵。虽然这款商品是失败的,但其为 VR 硬件概念的普及及日后的 VR 游戏埋下了种子。

1993 年,雅达利公司发布与娱乐 VR 系统制造商 Virtuality 联合开发的 Jaguar VR 虚拟现实头盔,它同样未取得太大成功。Victormaxx Cybermaxx 是 Victormaxx 公司于 1994 年推出的虚拟现实设备,它利用两个 0.7 英寸的彩色液晶平板显示器展示立体 3D 效果。仅仅一年之后,Cybermaxx 2 在电子娱乐博览会上引发巨大轰动,它拥有更高的分辨率,不仅支持 PC,也支持 VCR 和游戏机。

1995 年,任天堂针对电子游戏推出了 Virtual Boy 游戏机(见图 1-17),这在当时引起了不小的轰动,但这款革命性的产品由于太过于前卫,没有得到市场的认可。同时,其在技术上也依然面临一些问题,不利于其发展,而且其研发和生产成本都非常高。这款产品不仅被《时代周刊》评为"史上最差的 50 个发明之一",而且仅仅在市场上生存了 6 个月就销声匿迹。

在任天堂公司之后,在十几年的时间内,已经没有公司敢于将 VR 带入商业领域中。整个 20 世纪 90 年代,许多科技公司都希望能够在 VR 浪潮之中争得一席之地,但基本都以失败告终,主要原因在于技术还不够成熟,产品成本过高。但也正是由于他们的尝试和努力,为虚拟现实领域积累了技术和理论基础,也为日后的 VR 市场打下了基础。

图 1-17　任天堂推出的 Virtual Boy 游戏机

在 21 世纪的第一个十年里，智能手机技术迎来爆发，虚拟现实仿佛被人遗忘。尽管其在大众商业市场中几乎消失，但人们从未停止过对 VR 领域的研究和开拓。由于 VR 技术在科技圈中已经充分扩展，科学界与学术界对其越来越重视，因此 VR 技术在医疗、飞行、制造和军事领域中开始得到深入的应用研究。2006 年，美国国防部斥资 2000 多万美元建立了一套虚拟世界的《城市决策》培训计划，专门让相关工作人员进行模拟训练，一方面提高大家应对城市危机的能力，另一方面测试技术的水平。2008 年，美国南加州大学的临床心理学家利用虚拟现实技术治疗创伤后应激障碍，通过开发一款名为"虚拟伊拉克"的治疗游戏，帮助那些从伊拉克回来的军人患者。这些例子都可以证明，VR 已经脱离了早期单纯的娱乐领域，开始渗透到各个领域中。

在此期间，也有不少值得一提的文学作品起到了推动作用。比如，美国著名小说家乔纳森·艾伦·勒瑟姆（Jonathan Allen Lethem）创作的《久病之城》，其当年被《纽约时报》评为十大好书之一。而于 2011 年出版的《玩家一号》，则是美国科幻作家恩斯特·克莱恩关于虚拟现实的重要作品（见图 1-18）。由于移动互联网掀起浪潮，在移动互联网高速发展的这段时间里，VR 的声音一直若隐若现，等待着爆发的时刻来临。

图 1-18　《玩家一号》于 2018 年被改编为电影

5. 第五阶段：VR 技术爆发时期（2012 年至今）

2012 年 8 月，19 岁的 Palmer Luckey 把一款名为 Oculus Rift 的 VR 硬件产品摆上

了众筹平台 Kickstarter（见图 1-19），经过短短的一个月左右的时间，就获得了 9522 名消费者的支持，收获了 243 万美元众筹资金，使得公司能够顺利进入开发、生产阶段。2012 年 Oculus Rift 在 Kickstater 上成功众筹后，随即就参加了 2013 年的 CES 展会，展示了 DK1 预产前的 Rift 原型头戴式显示设备（以下简称"头显"），以及利用 Unreal 3 引擎创造的一个 Oculus Rift 的城堡场景。当年的 VR 相关报道，也几乎被 Oculus 全部覆盖。

在 2014 年的 CES 展会上，Oculus 为大家展示了最新的原型机，解决了 DK1 版本的两大缺陷，同时还引入了低延迟的显示屏技术。这极大地提升了用户体验，为之后出现的消费者版 Oculus Rift 提供了基础技术支持。在解决了价格尴尬及外形笨重等致命问题之后，VR 设备似乎一下子拉近了和用户之间的距离。因此，用户对 VR 设备的热情被不断地刺激膨大。之后，Oculus 在 2014 年 3 月被 Facebook 以 20 亿美元的价格收购，成为驱动现今虚拟现实技术的先锋。

图 1-19　众筹平台页面上的 Oculus Rift 概念机

2015 年，Oculus Rift 发布了一款新的原型机 Oculus Rift Crescent Bay，这款原型机也是最接近消费者版本的 Oculus 头显。此外，三星和 Oculus 合作推出了 Gear VR，使 VR 与智能手机相结合，降低了 VR 设备的入门门槛。雷蛇公司推出了 OS VR 开源平台，并发布了第一款旗舰设备 Hacker Developer Kit。同时，配合 VR 使用的万向跑步机 Virtuix Omni 也逐渐进入人们的视野中。

2015 年 3 月，HTC 公司发布了新研发的重量级沉浸式 VR 设备 HTC Vive。HTC Vive 使用的 Lighthouse 室内追踪技术让 VR 技术达到了一个新的高度，提升了大家对消费级 VR 产品的期望。

2016 年，索尼公司发布了自家 PS 游戏机专用的游戏 VR 设备 PS VR。相比其他 VR 硬件设备来说，PS VR 的定位更为清晰，软件支持更为广泛，而且价格也是所有同级别沉浸式 VR 设备中最低的。种种优势使得 PS VR 后来居上，迅速加入 VR 产品的竞争浪潮中（见图 1-20）。

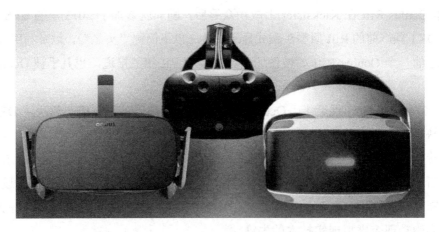

图 1-20　Oculus、HTC Vive 和 PS VR 硬件设备

从 2014 年开始，各大公司纷纷开始推出自己的 VR 产品，消费级的 VR 产品开始大量涌现。自此，VR 才真正进入人们的视野中，被人们所熟悉、关注、追捧。现在，VR 技术相比过去，量和质都有了巨大的飞跃，越来越多的企业和个人对该行业产生了浓厚的兴趣，并且它的发展已不再只局限于硬件，还逐步扩展到内容开发及对其他领域的应用，曾经沉寂了那么多年的 VR 技术终于迎来了全面爆发。

1.3　VR 技术的应用领域

1. 医学

VR 技术在医学方面的应用具有十分重要的现实意义。在虚拟环境中，可以建立虚拟的人体模型，借助于跟踪球、HMD、感觉手套，学生可以轻松了解人体内部各器官结构，这比现有的采用教科书的方式要有效得多。Pieper 及 Satara 等研究者在 20 世纪 90 年代初基于两个 SGI 工作站建立了一个虚拟外科手术训练器，用于腿部及腹部外科手术模拟训练。这个虚拟环境包括虚拟的手术台与手术灯、虚拟的外科手术工具（如手术刀、注射器、手术钳等）、虚拟的人体模型与器官等。借助于 HMD 及感觉手套，使用者可以对虚拟的人体模型进行手术（见图 1-21）。另外，在手术后果预测及改善残疾人生活状况，乃至新型药物的研制等方面，VR 技术都有十分重要的意义。

第1章 VR游戏设计概论

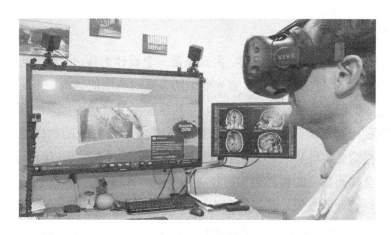

图 1-21 医生利用 VR 设备进行虚拟外科手术模拟训练

在医学院校，学生可在虚拟实验室中进行解剖和各种手术练习。使用 VR 技术，由于不受标本、场地等的限制，所以培训费用大大降低。一些用于医学培训、实习和研究的虚拟现实系统，仿真程度非常高，其优越性和效果是不可估量和不可比拟的。例如，导管插入动脉的模拟器，可以使学生反复实践导管插入动脉时的操作；眼睛手术模拟器，根据人眼的前眼结构创造出三维立体图像，并带有实时的触觉反馈，学生利用它可以观察模拟移去晶状体的全过程，并观察到眼睛前部结构的血管、虹膜和巩膜组织及角膜的透明度等。

2. 艺术

作为传输显示信息的媒体，VR 技术在未来艺术领域中所具有的潜在应用能力也不可低估。VR 所具有的临场参与感与交互能力可以将静态的艺术（如油画、雕刻等）转化为动态的，可以使观赏者更好地欣赏作者的思想艺术。音乐会和演唱会也可以利用 VR 的形式进行表演，观看者在家中便可以体会到临场的参与感。

对艺术的潜在应用价值同样适用于教育，比如解释一些抽象的概念（如量子物理），VR 是非常有力的工具。Lofin 等人在 1993 年建立了一个"虚拟的物理实验室"，用于解释某些物理概念，如位置与速度、力量与位移等。

3. 军事航天

模拟训练一直是军事与航天工业中的一个重要课题，这为 VR 提供了广阔的应用前景。美国国防部高级研究计划署自 20 世纪 80 年代起一直致力于研究被称为 SIMNET 的虚拟战场系统，以提供坦克协同训练。该系统可联结 200 多台模拟器。另外，利用 VR 技术可模拟零重力环境，以代替非标准的水下训练宇航员的方法。

4. 室内设计

虚拟现实不仅仅是一个演示媒体，而且还是一个设计工具。它以视觉形式反映了设计者的思想，比如在装修房屋之前，首先要做的事是对房屋的结构、外形进行细致的构思，为了使之定量化，还需设计许多图纸，当然这些图纸只有内行人能读懂。虚拟现实技术可以把这种构思变成看得见的虚拟物体和环境，将以往传统的设计模式提升到数字化的即看即所得的完美境界，大大提高了设计和规划的质量与效率。运用虚拟现实技术，设计者可以完全按照自己的构思去构建和装饰虚拟的房间，并可以任意变换自己在房间中的位置去观察设计的效果，直到满意为止（见图1-22）。

图 1-22　VR 家装设计系统

5. 房地产开发

随着房地产行业竞争的加剧，传统的展示手段，如平面图、表现图、沙盘、样板房等已经远远无法满足消费者的需求，如今我们可以利用虚拟现实技术整合影视广告、动画、多媒体、网络科技等形式，打造全新的房地产营销展示方式。利用 VR 展示可对项目周边配套、红线以内建筑和总平、内部业态分布等进行详细剖析，由外而内表现项目的整体风格，并可通过鸟瞰、内部漫游、自动动画播放等形式对项目进行逐一表现，增强了讲解过程的完整性和趣味性。

6. 工业仿真

当今世界工业已经发生了巨大的变化，大规模人海战术早已不再适用于工业的发展，先进科学技术的应用显现出巨大的威力，特别是虚拟现实技术的应用，正在对工业进行着一场前所未有的革命。虚拟现实技术已经被世界上一些大型企业广泛地应用到工业的各个环节中，对企业提高开发效率，加强数据采集、分析、处理能力，减少决策失误，降低企业风险起到了重要的作用。虚拟现实技术的引入,将使工业设计的手段和思想发生质的飞跃,更加符合社会发展的需要。可以说,在工业设计中,应用虚拟现实技术是可行且必要的。

工业仿真系统不是简单的场景漫游,而是真正意义上用于指导生产的仿真系统,它结合用户业务层功能和数据库数据组建一套完全的仿真系统,可组建 B/S、C/S 两种架构的应用,可与企业 ERP、MIS 系统无缝对接,支持 SQL Server、Oracle、MySQL 等主流数据库。工业仿真所涵盖的范围很广,从简单的单台工作站上的机械装配到多人在线协同演练系统(见图 1-23)。

见图 1-23　利用虚拟现实技术实现工业仿真实验

7. 应急推演

防患于未然,是各行各业尤其是具有一定危险性的行业(消防、电力、石油、矿产等)关注的重点,如何确保在事故来临之时做到将损失降到最小,定期执行应急推演是传统并有效的一种防患方式。但其弊端也相当明显,即投入成本高,每次应急推演都要投入大量的人力、物力,因此不可能频繁执行。虚拟现实技术的引入为应急推演提供了一种全新的开展模式,将事故现场模拟到虚拟场景中去,在这里人为制造各种事故情况,组织参演人员做出正确响应。这样的应急推演大大降低了投入成本,增加了应急推演实训时间,从而保证人们在面对事故灾难时可以熟练使用应对技能,并且可以打破空间的限制,方便组织各地人员进行应急推演。这样的案例已有应用,必将是今后应急推演的一个趋势。

8. 文物古迹

利用虚拟现实技术,结合网络技术,可以将文物的展示、保护提高到一个崭新的阶段。首先表现在通过影像数据采集手段,针对文物实体建立实物三维或模型数据库,保存文物原有的各项数据和空间关系等重要资源,实现濒危文物资源的科学、高精度和永久保存。其次,利用这些技术来提高文物修复的精度和预先判断、选取将要采用的保护手段,同时可以缩短修复工期。通过计算机网络来整合统一大范围内的文物资源,并且通过网络在大范围内利用虚拟现实技术更加全面、生动、逼真地展示文物,从而使文物脱离地域限制,实现资源共享,真正成为全人类可以"拥有"的文化遗产。使用虚拟现实技术可以推动文博行业更快地进入信息时代,实现文物展示和保护的现代化(见图 1-24)。

图 1-24 利用虚拟现实技术复原历史古迹

9. 虚拟游戏

虚拟游戏既是虚拟现实技术重要的应用方向之一,也对虚拟现实技术的快速发展起到了巨大的需求牵引作用。尽管存在众多的技术难题,但虚拟现实技术仍在竞争激烈的游戏市场中得到了越来越多的重视和应用。可以说,自电脑游戏产生以来,一直都在朝着虚拟现实的方向发展,虚拟现实技术发展的最终目标已经成为三维游戏工作者的崇高追求。从最初的文字 MUD 游戏,到二维游戏、三维游戏,再到网络三维游戏,游戏在保持其实时性和交互性的同时,逼真度和沉浸感正在一步步地提高和加强。我们相信,随着三维技术的快速发展和软硬件技术的不断进步,在不远的将来,真正意义上的虚拟现实游戏必将为人类娱乐、教育和经济发展做出新的、更大的贡献。

10. 道路桥梁

城市规划一直是对全新的可视化技术需求尤为迫切的领域之一,虚拟现实技术可以广泛地应用在城市规划的各个方面,并带来切实且可观的利益。虚拟现实技术在道路桥梁及高速公路与桥梁建设中也得到了应用。道路桥梁设计需要同时处理大量的三维模型与纹理数据，这需要很高的计算机性能作为后台支持，随着近些年来计算机软硬件技术的提高，一些原有的技术瓶颈得到了解决，使虚拟现实技术的应用得到了前所未有的发展。

在我国，许多学院和机构也一直在从事这方面的研究，三维虚拟现实平台软件可广泛地应用于桥梁道路设计等行业。该软件适用性强、操作简单、功能强大、高度可视化、所见即所得，它的出现将给正在发展的 VR 产业注入新的活力。虚拟现实技术在高速公路和桥梁建设方面有着非常广阔的应用前景，可由后台置入稳定的数据库信息，便于大众对各项技术指标进行实时查询，周边再辅以多种媒体信息，从而实现演示场景中的导航、定位与背景信息介绍等诸多实用、便捷的功能。

11．地理

应用虚拟现实技术，将三维地面模型、正射影像和城市街道、建筑物及市政设施的三维立体模型融合在一起，再现城市建筑及街区景观，用户在显示屏上可以很直观地看到生动逼真的城市街道景观，可以进行诸如查询、量测、漫游、飞行浏览等一系列操作，满足数字城市技术由二维 GIS 向三维虚拟现实的可视化发展的需要，为城建规划、社区服务、物业管理、消防安全、旅游交通等提供可视化空间地理信息服务。

电子地图技术是集地理信息系统技术、数字制图技术、多媒体技术和虚拟现实技术等多项现代技术为一体的综合技术。电子地图是一种以可视化的数字地图为背景，以文本、照片、图表、声音、动画、视频等多媒体为表现手段展示城市、企业、旅游景点等区域综合面貌的现代信息产品（见图 1-25）。由于电子地图产品结合了数字制图技术的可视化功能、数据查询与分析功能，以及多媒体技术和虚拟现实技术的信息表现手段，加上现代电子传播技术的作用，使得它在未来发展中能发挥巨大作用。

图 1-25　HTC Vive 平台的"谷歌地图 VR"应用

12. 水文地质

虚拟现实技术是利用计算机生成的虚拟环境逼真地模拟人在自然环境中的视觉、听觉、运动等行为的人机界面的新技术。利用虚拟现实技术沉浸感、与计算机的交互功能和实时表现功能，建立相关的地质、水文地质模型和专业模型，进而实现对含水层结构、地下水流、地下水质和环境地质问题（例如地面沉降、海水入侵、土壤沙化、盐渍化、沼泽化及区域降落漏斗扩展趋势）的虚拟表达。具体实现步骤包括建立虚拟现实数据库、三维地质模型、地下水水流模型、专业模型和实时预测模型。

13. 生物力学

生物力学仿真就是应用力学原理和方法并结合虚拟现实技术，对生物体中的力学原理进行虚拟分析与仿真研究。利用虚拟仿真技术研究和表现生物力学，不但可以提高运动物体的真实感，满足运动生物力学专家的计算要求，还可以大大节约研发成本，降低数据分析的难度，提高研发效率。这一技术现已广泛应用于外科医学、运动医学、康复医学、人体工程学、创伤与防护学等领域。

人体中各个骨骼、关节及肌肉都有一个特定的长度及自由度，而数字人体中的任何一个数据的变化都会对若干相关部件产生影响。结合数据可视化技术，以一种更形象、更直观的方式展现人体各关节的数据结构及相对运动关系，研究者可据此轻松读懂烦琐的数据，从而实现力学相互作用关系研究的便捷化、可视化（见图1-26）。

图1-26　VR生物力学仿真

通过对人体骨骼及人体关节之间相互作用关系的分析，结合人机工程学原理，利用计算机技术计算和分析数据，依据计算结果为运动员、战士、病人等群体制定灵活科学的运动方案，合理指导各种训练活动。此外，还可以据此分析出相关疾病（如颈椎病、骨折、腰肌劳损等）产生的原因及有效的康复方法，设计出更为科学、有效的运动保健器材。

14. 数字地球

数字地球建设是一场意义深远的科技革命，也是地球科学研究的一场纵深变革。人类迫切需要更深入地了解地球，进而管理好地球。拥有数字地球等于占据了现代社会的信息战略制高点。从战略角度来说，数字地球是全球性的科技发展战略目标，数字地球是未来信息资源的综合平台和集成，现代社会拥有信息资源的重要性更甚于工业经济社会拥有自然资源的重要性。而从科技角度来分析，数字地球是国家的重要基础设施，是遥感、地理信息系统、全球定位系统、互联网—万维网、仿真与虚拟现实技术等的高度综合与升华，是人类定量化研究地球、认识地球、科学利用地球的先进工具。

1.4 VR 与虚拟游戏

VR 在发展初期就与虚拟游戏有着千丝万缕的联系，虽然 VR 的提出和诞生与虚拟游戏并没有直接关系，但 VR 发展到现在，虚拟游戏已经成为其主要应用之一，而且 VR 虚拟游戏也是目前 VR 领域最为成熟的市场产品。

当下主流的三大 VR 硬件平台——HTC Vive、Oculus Rift 及 PS VR 都主要以 VR 虚拟游戏产品为主，其实在这些成熟的 VR 硬件设备出现以前，甚至在虚拟游戏发展的早期阶段，电子游戏就曾经尝试与 VR 进行接触，很多游戏厂商曾经推出了许多硬件设备来增强玩家的虚拟体验。由于当时 VR 概念并没有普及，人们没有将这些设备与 VR 过多地联系起来，但如今看来，那些早期简陋的游戏硬件设备就是现在 VR 硬件设备的雏形。下面我们就来盘点一下在虚拟游戏发展历程中出现的各种 VR 硬件设备。

早在 20 世纪 70 年代，美国雅达利 2600 游戏机上出现过一款实验性游戏硬件设备，设备名为 Atari Mindlink，是一款号称可以用人脑意念控制游戏的设备（见图 1-27）。其实，这款设备是一个搭载有感应装置的头带，它能够识别玩家面部肌肉的细微变化，并转化为对应的数字信号，以实现对游戏的控制。不过，由于在成品测试过程中发现它会使玩家感到眼部不适，因此最终并没有真正发售就夭折了。

图 1-27　Atari Mindlink 设备

1984年，任天堂发售了经典的FC游戏机配套外设"光线枪Zapper"，其在短时间内就成为非常成功的游戏周边产品之一。同时，任天堂一起推出的《打鸭子》游戏，成为当时与光线枪配套的热门游戏，估计每个玩过FC游戏机的人都接触过（见图1-28）。任天堂在美国推出NES游戏机（美版FC游戏机）时，《打鸭子》更是其首发同捆游戏，这让它最终获得了近3000万份的销量，在FC历史上仅次于《超级马里奥》，成为史上非常畅销的游戏之一，也从此开始了光线枪和游戏相辅相成、一路相伴的历史。

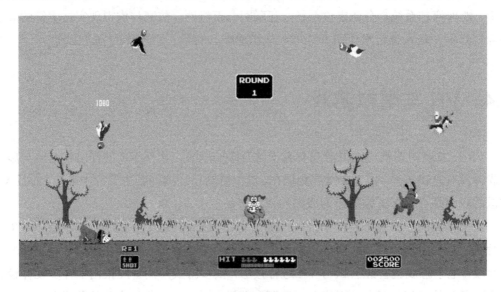

图1-28　　FC经典光线枪游戏《打鸭子》

关于FC光线枪的原理，这里简要说明一下。其实射出光线的并不是光线枪，而是玩家面前的电视。在射击动作发生时，屏幕上除目标位置外的地方都会短暂变黑，只留下目标位置的白光，而白光会被枪口接收为判定信号，从而决定玩家是否打中。虽然闪烁非常短暂，但有时也会被人眼发觉，这种原理导致只有早期隔行扫描电视才能支持这种光线枪游戏，现代的液晶显示、等离子显示都不具备这种功能。

1989年，任天堂还推出过一款新奇的游戏控制器——"能量手套"，这是一个外观酷似太空宇航员装备的手部游戏控制设备（见图1-29）。在今天看来，能量手套可以说是体感控制的先驱。这款手套外观超帅，发售之初红极一时，还有熟悉的手柄操作面板，这样富有未来感的设计吸引了大量的玩家，仅仅6周就售出60多万套。不过由于操控方式过于复杂，玩家使用久了会手臂酸痛，同时还存在信号问题导致无法顺畅控制游戏，从而导致这款酷炫的手套最终没落。

第 1 章 VR 游戏设计概论

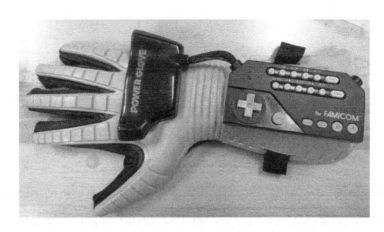

图 1-29 任天堂推出的能量手套

在能量手套之后，任天堂并没有放弃奇思妙想，接下来在 1995 年推出了我们前面提到过的 Virtual Boy。这款早期的 VR 设备非常短命，只存在了 8 个月的时间。其实 Virtual Boy 不能说是外设了，它应该是一款实打实的主机，通过双眼的红色模拟图像来实现画面的立体 3D 效果，还拥有自己的游戏阵容（见图 1-30）。不过，可能由于红色图像显示会让人们产生视觉疲劳，再加上它十分笨重，无法头戴，让这款早期的 VR 设备迅速地退出了市场。

图 1-30 Virtual Boy 游戏机上推出的游戏

在任天堂产品面前，向来以"黑科技"著称的索尼公司也不甘示弱，在 2004 年为 PlayStation 2（简称 PS2）游戏主机推出了动作感应控制装置"EYE TOY"（见图 1-31）。EYE TOY 简单来说就是一个摄像头，当玩家把 EYE TOY 插到 PS2 游戏主机上时，通过 EYE TOY 摄像头把人物投放到游戏中，用肢体动作就可以操作游戏的进行。例如，在棒球游戏中，玩家只需要做出挥舞棒球棍的样子，就可以看到在游戏中击中了飞来的球。

图 1-31　索尼 EYE TOY 摄像头设备

　　EYE TOY 的玩法十分简单，玩家站在一部连接 PS2 游戏主机的摄影机前面，这部摄影机会把玩家的影像抓到电视荧屏上，而 PS2 游戏主机会把玩家影像与游戏画面进行合成。如果玩家举右手，则荧屏中的玩家影像也会举右手，而套在游戏中时就会变成玩家在游戏中举右手。如果这时荧屏中有一颗皮球由右上方落下，则玩家可以对着摄影机凭空举起右手，这时会看到荧屏中的影像是玩家举右手托住皮球，就是这种虚拟互动的感觉，让玩家能全身动起来玩游戏（见图 1-32）。

图 1-32　EYE TOY 的游戏画面

　　由于 EYE TOY 创新的游戏方式，使得相关游戏在世界各地都大受欢迎，并陆续推出了多款游戏，游戏方式也不断推陈出新。而这类非传统的进阶输入控制方式，也被纳入下一代游戏主机标准输入装置的考虑范围内。可以说，EYE TOY 是 PS2 游戏主机最热门的一个周边产品，卖出了超过 1000 万套的销量。

　　EYE TOY 的原理其实并不复杂，摄像头以固定的速率采集图像，当场景内无变化时，前后两帧图像内容一致；当有物体运动时，则产生差异，因此通过简单地对相邻两帧图像进行相减，得到画面中不同的部分，即可感知是否有运动物体及运动物体的一些属性，比如大小、位置和颜色等。在这其中当然还有一些细节需要处理，流程虽简单，但是做好却不易。这一简单原理使得 EYE TOY 仍存在一些瑕疵，例如当玩家动作过小，或玩家所处的环境、服装色彩与身体颜色过于接近时，EYE TOY 都可能出现短暂的无法识别问题。

EYE TOY 是第一个真正意义上实现大规模商用化的体感技术，但它最终却并未流行起来并得以普及，至少在其问世两年后，几乎再也听不到任何游戏厂商希望针对它来开发新游戏的声音。这是因为 EYE TOY 有一个致命的弱点，即它的原理注定了它只能摄取二维图像并加以解析，而无法解析三维游戏图像。当时正是 3D 游戏兴起的时代，玩家更倾向于玩三维游戏，之后任天堂的 Wii 之所以会比 EYE TOY 成功，就是因为它解决了这个问题。

2005 年，在美国 E3 游戏展会上，任天堂首次公布了代号为"Revolution"的次世代主机计划，并展示了创新的体感操作方式，惊艳全场。2006 年 4 月，任天堂宣布新主机将定名为"Wii"，并在当年的 E3 游戏展会上完整地展示了 Wii 的主机及操作，同时开放试玩，引起了全世界的玩家及媒体的高度注目。同年 11 月，任天堂在美国正式发售了新一代家用游戏机 Wii（见图 1-33）。

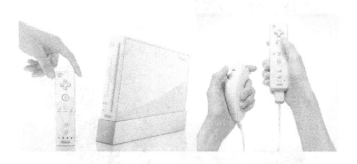

图 1-33 任天堂 Wii 游戏主机和创新的体感控制手柄

Wii 不支持 CD 唱片和 DVD 电影，也基本上不支持高清格式，任天堂对游戏机的定位为纯粹的"电子娱乐产品"，而非"影音娱乐产品"。任天堂为 Wii 配套开发了网络服务功能，并且在 Wii 关机的情况下也能自动下载游戏更新部分和各种游戏 DEMO。Wii 玩家还可以通过网络下载模拟器游戏，包括 FC、PC-E、MD、SFC 和 N64 模拟器游戏，玩家可以通过购买外部存储配件 SD 卡来存储这些模拟器游戏。

Wii 在发售的两周里就在全球销售了 100 万台，截至目前已经达到了全球 500 万台以上的销量，超过了 PS3 的销量。Wii 在性能、规格、影音功能和网络功能上都处于劣势，甚至在游戏数量上也不占优势，但是却取得了相当不错的成绩，这一切都归功于革命性的动作感应手柄。这种革命性的动作感应手柄带来了全新的游戏模式，用肢体动作来操作，和街机的体感类游戏非常相像，不过 Wii 的操作要更加多样、新奇。Wii 利用这项新颖的设计非常轻松地吸引了大批的休闲玩家，甚至包括那些曾经对电子游戏不是很感兴趣的人，这是 PS3 和 Xbox 360 所达不到的优势，而且 Wii 在规格方面的劣势反而可以降低供货方面的压力，同时还能保持价格上的优势，这也是 Wii 畅销的原因之一。

Wii 最与众不同的特色是它的标准控制器"Wii Remote"。Wii Remote 的外形为棒状,就如同电视遥控器一样,可单手操作。除了可以像一般遥控器一样用按钮来控制,它还有两项功能:指向定位及动作感应。前者就如同光线枪或鼠标一般,可以控制荧屏上的光标;后者可侦测三维空间当中的移动及旋转,结合两者可以达成所谓的"体感操作"。Wii Remote 在游戏软件当中可以转化为球棒、指挥棒、鼓棒、钓鱼竿、方向盘、剑、枪、手术刀、钳子等工具,使用者可以通过挥动、甩动、砍劈、突刺、回旋、射击等方式来使用(见图 1-34)。体感操作的概念在以往的游戏设备和产品中已经出现过,但它们通常需要不同的专用控制器,而 Wii 将体感操作列入标准配备,让平台上的所有游戏都能使用指向定位及动作感应,这可以说是 Wii 的创举。

图 1-34　Wii 体感游戏方式

从能量手套到 VB 的头戴式显示器,再到 Wii 的动作感应手柄,任天堂一直在试图突破现有的游戏方式,虽然前几次都失败了,但在 Wii 上获得了极大的成功,也正是从 Wii 开始,任天堂更加专注于游戏创意和理念的设计研发。Wii 的体感游戏方式真正开创了 VR 游戏的基本模式,之后在索尼的 PS 和微软的 Xbox 游戏机上都有类似的设备出现,其中都能找到 Wii 的影子。

2016 年,索尼公司正式推出了真正意义上的 VR 游戏设备——PS VR(见图 1-35),这是一款基于索尼 PlayStation 4 游戏主机的虚拟现实外设,也是现在唯一一款被定位为专门虚拟游戏和影视娱乐的消费级 VR 设备。产品一经发布就备受青睐,到目前为止,PS VR 的全球销量已经超过 300 万台。作为商业级的 VR 设备,PS VR 与同时期的 Oculus Rift 及 HTC Vive 等相比,在硬件设备上并不算出众,但其凭借低廉的售价和清晰的市场定位,赢得了广大游戏爱好者的喜爱。对于游戏 VR 设备来说,我们相信 PS VR 还只是一个开始,未来会有更多产品进入人们的视野中。虚拟现实对于虚拟游戏而言不仅仅是一种技术，它为未来游戏构建了全新图景，两者在发展道路上相互碰撞的火花会激励彼此走得更加长远。

图 1-35　PS VR 游戏设备

1.5　VR 技术的未来发展前景

随着 VR 技术和行业的发展，用户对 VR 内容的需求也越来越高。现在在国内 VR 市场中，虽然产业链还比较原始，但是已经形成了雏形，再经历 3~5 年的常规增长期，VR 通过其技术特性在行业中发挥的作用将使得 VR 向多元化发展，不再只局限于个别领域，VR 将会广泛适用于各个领域，应用产业将不断扩大。

VR 可以在多维信息空间上创建出一个虚拟信息环境，使用户有身临其境的沉浸感，具有与虚拟环境完美的交互作用能力，并有助于用户启发构思。这使得 VR 可以在公共服务平台中发挥很多传统平台无法比拟的作用，其中包括：构建虚拟现实软硬件工程体系，形成元器件供应、试验验证、制造咨询等公共服务能力；建立针对虚拟现实领域的关键技术、产业链生态与内容应用数据平台，为产业运行分析、政策制定、知识产权、人才培养、外部合作、标准编制等奠定基础；提供面向用户体验、安全可靠、软硬件协同的产品测评与检测认证服务；充分发挥资本和地方投资对新兴技术的激励作用，鼓励和引导地方加大资源投入力度，通过设立专项资金、政府和社会资本合作模式等多种形式，支持虚拟现实产业发展与应用推进。

目前体验 VR 的一大障碍是用户会出现头晕和目眩等情况，这在很大程度上是因为网络延时导致的。5G 的发展将成为解决这些问题的主要途径，5G 网络具有更高的速率，预计网速将比 4G 至少提高 10 倍，能够满足消费者对 VR 全景营销等高带宽、低延时等更高业务体验的需求。以近眼显示、网络传输、感知交互、渲染处理、内容制作关键技术领域为着力点，将光学、电子学、计算机、通信、医学、心理学、认知科学及人因工程学等领域的相关技术引入 VR 技术体系。积极探索虚拟现实与 5G、人工智能、物联网、智能制造、云计算等重大领域之间融合创新发展的路径。

VR 行业发展相关数据分析表明，2019 年我国的 VR 市场产值将突破百亿元，到 2021 年，我国 VR 产业产值将达到 790 亿元，成为全球最大的 VR 市场。从软硬件角度来看，硬件市场率先起量，2016 年硬件市场产值为 20.5 亿元，大约占整个市场的 60%；在出货量的绝对值上，2016 年出货量为近千万台，预测 2021 年硬件头戴设备出货量将破亿台，硬件产值空间巨大。2017—2019 年，国内 VR 市场进入快速发展期，预计到 2020 年左右，虚拟现实市场将进入相对成熟期，市场规模将达到 918.2 亿元。

伴随着互联网和移动互联网大潮的来临，VR 技术与实体的结合将成为未来的一个重要发展方向。自从"十三五"规划提出"大众创业、万众创新"以来，国家充分释放社会资源为新技术、新产业、新业态的发展提供便利的外部环境。从资源方面来说，中国有着发达的制造业基础，大量资本和团队投入 VR 领域中，为 VR 制造和布局提供了强大的技术和资金支持。从社会方面来说，伴随着经济的快速发展，中国的 VR 市场有着庞大的潜在用户群体，从而提供了广阔的市场需求。

虽然目前我国 VR 市场正在快速崛起，但相比国外而言，VR 市场规模总体体量仍然较小，国内购买过 VR 设备的核心用户占比相对较少，所以在未来发展潜力巨大。现阶段，我国 VR 产业发展正在由用户、技术、硬件、内容、开发者、渠道、资本等力量共同推进，一个良性 VR 产业生态圈已初步建立，并正在形成一条集工具设备、行业应用、内容制作、分发平台、相关服务在内的全产业链。

国内 VR 行业发展前景，从产业格局上看，形成了地域以一线城市为主，厂商以初创小公司为主，变现方式以线下体验馆为主的发展态势。目前，我国 VR 厂商集中在北京、上海、广州、深圳等一线城市，初期以初创小公司为主，后期也有大的上市公司进行参股和并购。相较国外科技巨头高投入、长周期的 VR 开发模式，国内大部分小规模初创企业的 VR 开发具有投入较少、周期较短、技术含量相对较低等特征，产品主要面向国内市场。近年来，国内 VR 线下体验馆数量增长迅速，全国已超过 2000 家。经过几年时间的产品打磨及市场培育，以及国家领导层的大力支持，2020 年 VR 产业将逐渐形成规模化、应用化，核心技术人才不断涌入，硬件设备不断更新迭代。各方面市场环境逐渐完善，最终会形成产业化，各大硬件厂商及内容创作平台的变现能力将会进一步增强。

第2章

VR 游戏开发基础

在上一章内容中,我们主要了解了 VR 的基本概念、发展简史、应用领域及其与虚拟游戏的关系等。本章将基于以上内容,来了解 VR 技术的实现基础和 VR 硬件设备的基础知识等。

2.1 VR 技术的实现基础

目前对于应用和消费级的 VR 硬件设备来说,主要由以下几个部分构成:主机、VR 头盔、定位器及控制手柄(见图 2-1)。主机作为整个 VR 系统的核心,几乎承担着所有 VR 程序的运行和计算工作。对于现在市面上主流的 VR 硬件设备来说,主机一般为 PC 主机或游戏主机,这里我们就不做过多介绍了。下面我们主要针对 VR 系统特有的硬件部分进行讲解。

1. VR 头盔

VR 头盔是 VR 系统除主机外最为核心的硬件设备,用户在 VR 系统中沉浸式的虚拟体验主要通过 VR 头盔来实现。每个 VR 产品的头盔都是利用尖端科技精心设计和制作而成的,一般来说,VR 头盔主要由透镜、显示屏、调节模块和芯片主板等部分组成(见图 2-2),下面我们分别进行介绍。

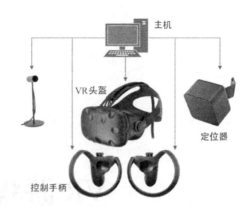

图 2-1　VR 硬件设备的构成

图 2-2　VR 头盔的组成部分

　　透镜是 VR 头盔的重要元素之一，其作用是让用户的眼睛产生视觉错觉，让用户以为眼前是一片广阔的空间，而不是两英寸大的平面显示器。要做到这一点，透镜需要聚焦光线，让用户感觉显示器好像在无限远的距离之外。很多 VR 头盔都采用了特殊的透镜，通过使用薄的、圆形棱镜阵列，来实现与大块曲面透镜相同的效果。这些透镜还被用来放大头盔的内置显示屏，让图像占据用户的整个视野，这样用户就不会注意到屏幕的边缘了。

　　VR 设备的透镜采用了菲涅耳透镜技术，我们先来介绍一下它的工作原理。人体眼睛瞳孔后有晶状体，而在眼睛的背面有感官器，可以将入射光转换成有用的可视的信息。晶状体将光折射到感官器，晶状体弯曲率取决于眼睛与物体的间距。如果物体距离近，晶状体就需要大幅弯曲，从而呈现清晰的图像；如果物体距离较远，则晶状体只需稍微弯曲即可。这就是为什么当你在电脑前长时间工作时，每间隔一小时就应该朝远方看看，这可以有效防止视觉疲劳，放松晶状体。想要看清距离我们眼睛 3~7 厘米的 VR 头盔内的事物，事实上是不容易的，这就需要借助菲涅耳透镜的作用。

　　如果眼睛注视着远方，则注视点是无限远的，也就意味着光线是平行的，晶状体处于休息状态。如果物体像一只苍蝇一样靠近你的眼睛，而你要一直看着它，则晶状体就会弯曲，光线平行状态就会被打破。如果想一直看着这只苍蝇，则所有从苍蝇身上发出的单一的光都需要聚焦在眼睛的一点上。如果苍蝇靠近你的眼睛太近，晶状体弹性不够，无法弯曲，眼睛就会失去焦点（见图2-3）。

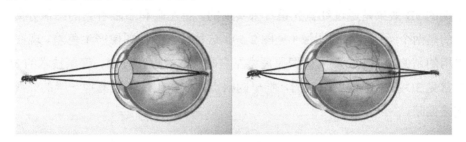

图2-3　眼睛的聚焦功能

这时候如果利用透镜，就能修正晶状体的光源的角度，使其重新被人眼读取。因为光束是从不同角度射到晶状体上的，所以会感觉眼睛与事物的距离较远，但事实上距离并没有那么远。为了让VR头盔的透镜能更薄、更轻，大多VR头盔使用了菲涅尔透镜，其与普通透镜的曲率一致，但其中一面刻录了大小不一的螺纹（见图2-4）。

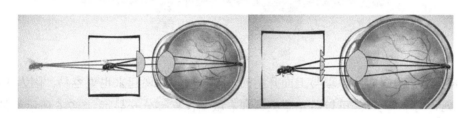

图2-4　菲涅耳透镜的原理

使用菲涅尔透镜也意味着要做出一定的牺牲，虽然可以制作出多螺纹透镜，从而能看到更清晰的图像，但是光线始终无法聚焦在一点上，曲率也总是不正确的；也可以使用螺纹较少的菲涅尔透镜，有助于光束集中和提高对比度，但图像的清晰度会受损，这也是目前VR头盔无法避免的问题。

在透镜的背后就是VR头盔的显示屏，VR头盔的显示屏必须具有足够的像素密度来显示清晰的图像，并且速度要足够快，这样VR中的运动画面才会流畅平滑。HTC Vive和Oculus Rift都采用了两块分辨率为1080px×1200px的显示屏，一只眼睛对应一块，它们可以以每秒90帧的速度显示图像，为用户提供平滑流畅的运动画面，以及宽广的110°的可视角度，可以覆盖用户视野范围的绝大部分。另外，一些VR头盔利用手机屏幕作为VR显示屏，例如三星的Gear VR，这样虽然可以降低硬件成本并具备无线传输的效果，但是却牺牲了图像的视野和图形保真度。

下面来简单介绍一下VR头盔的3D成像原理。人的双眼在正常情况下各自看到的视觉成像是略微不同的,我们可以尝试先单睁左眼,然后单睁右眼,让头部保持不动,不停地对比两只眼睛看到物体的角度和视野范围。VR 头盔的 3D 图像效果就是根据这个原理,通过技术手段,让两只眼睛看到不同的视觉图像,让其在角度上和视野范围内符合人眼自然观看的结果,以此营造出眼前的立体感。

早期的 3D 效果是通过红蓝光镜片来实现的,将左眼和右眼看到的图像分离,屏幕上显示的是两个颜色叠加的图像(见图 2-5)。这种技术会使图像产生色差。现在电影院普遍采用的是偏振技术,使用偏振原理将左右眼的成像进行过滤。偏振技术的 3D 效果是目前常见 3D 技术中效果最好的,唯一的缺点是偏振镜片会过滤掉一半的光线,使图像看起来偏暗。

图 2-5　红蓝 3D 效果

VR 头盔的 3D 成像原理与上面介绍的基本相同,实现起来也更容易,因为 VR 头盔本身就有两个显示屏,可以将左眼图像和右眼图像直接分开显示。图 2-6 所示就是 VR 头盔中两只眼睛看到的不同影像。

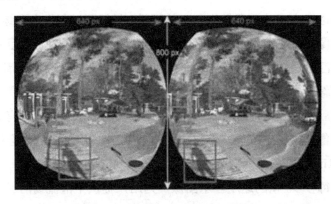

图 2-6　VR 头盔显示的成像效果

除透镜和显示屏外,一般来说 VR 头盔都具备调节模块。调节模块主要用来调节人眼与 VR 头盔的匹配程度,就如同近视眼镜一样,每个人的眼睛都有各自不同的屈光度和瞳距。所以，VR 头盔中镜片的位置必须是可调的，以便根据我们眼睛的瞳距来提供正确的 3D 效果。有些 VR 头盔还使用了混合菲涅尔透镜，这种透镜具有变焦调节功能，可以通过向上或向下移动头盔来调整焦距，找到最佳视觉位置。

除此以外，很多 VR 头盔还内置了耳机和隐藏式麦克风。耳机可以产生 3D 音频，这样游戏就可以添加相对于你的位置的音频提示，让你可以听到好像来自后面、上面，甚至下面的声音。隐藏式麦克风可以给游戏开发者提供更多的选择，在游戏中添加更多的沉浸式功能。当使用麦克风时，游戏可以检测你在隐形游戏中产生的噪声量，或者把它作为在 VR 中进行语音交流的方法。

2. 定位器

为了让 VR 头盔中的屏幕显示精确的画面，当你环顾周围时，头盔必须以亚毫米级的精度跟踪你的头部运动。这是通过各种内置传感器来实现的。有了这些传感器提供的各种数据，头盔就可以实现真正的"六自由度"（物体在空间中具有六个方向自由度，即沿 x、y、z 三个直角坐标轴方向的移动和绕这三个坐标轴的转动自由度），让头盔可以跟随头部做出的任何运动。通常来说，VR 头盔中必要的传感器主要有以下几种。

（1）磁力计：可以测量地球的磁场，因此总知道"磁北"在哪个方向。这样就可以确保它指向的是正确的方向，防止出现"偏移"错误，即以为头盔朝着某一个方向时，其实却朝着另一个方向。

（2）加速度计：其有多种用途，一种是检测重力，让头盔知道上方是哪个方向。智能手机自动转换横竖屏，靠的就是加速度计。另一种用途正如它的名字所说，它可以测量沿某个轴的加速度，因此它能提供有用的数据，让头盔知道一个对象运动的速度。

（3）陀螺仪：可以捕捉头盔沿某个轴的微小偏移（例如稍微倾斜头部或点头的时候），来提供更精确的物体旋转信息。

市面上主流的 VR 头盔如 Oculus Rift 和 HTC Vive 都使用红外激光来跟踪头盔的移动，但各有各的方法。Oculus Rift 使用的是放在办公桌上的"星座"（Constellation）红外摄像头（见图 2-7），跟踪 Oculus Rift 头盔前后都有的红外发射器。如果使用 Oculus Touch 控制器，则还需要另外再配一个摄像头，以避免在跟踪头盔和控制器上的红外灯时出现混淆。每个传感器都是单独跟踪的，计算机收集所有信息来渲染画面，让用户在任何时候从任何角度看到的图像都是正确的。所有这一切几乎都需要立即完成，这意味着每个红外传感器的坐标被立即捕获和处理，图像也就马上显示出来，几乎没有滞后。

图 2-7 "星座"红外摄像头

HTC Vive 使用的是"灯塔"(Lighthouse)红外发射器(见图 2-8),它被放置在游戏空间的角落里,可以快速发射激光,扫过房间,HTC Vive 上的红外传感器捕捉到它,并对其在一个空间内的位置进行测量。这个系统的工作原理类似于 Oculus Rift,但本质上它把"灯塔"作为发射器,把头盔作为摄像头,角色刚好相反。HTC Vive 头盔除有"灯塔"红外跟踪系统外,还有一个前置摄像头,它可以使用"伴侣"系统来帮助检测用户是否离开了游戏空间的边界。当用户快要撞上墙壁或家具时,HTC Vive 可以巧妙地给其发送视觉提示,让用户知道自己已经处于 VR 空间的边缘。

图 2-8 "灯塔"红外发射器

三星 Gear VR 没有采用更先进的红外跟踪方法,而是使用了惯性测量单元(IMU),它是集磁力计、加速度计和陀螺仪为一体的"多合一"设备。与大多数智能手机不同的是,这个 IMU 是专门用来减少滞后现象和改善头部跟踪性能的。

3. 控制手柄

现在主流的 VR 硬件设备都有无线运动控制器,也就是我们通常所说的控制手柄,通过控制手柄可以让用户与 3D 空间中的物体进行充分交互,从而增强沉浸感。像 VR 头盔一样,每个控制器都配备了磁力计、加速度计、陀螺仪及红外传感器,对运动进行亚毫米级别的精度跟踪。各种 VR 硬件设备的控制手柄如图 2-9 所示。

图 2-9　各种 VR 硬件设备的控制手柄

在图 2-9 中，最左侧为 HTC Vive 的控制手柄，其形状有些像头重脚轻的哑铃，顶端采取了横向的空心圆环设计，上面布满了用于定位的凹孔。持握时拇指方向有一个可供触控的圆形面板，而食指方向则有两阶扳机。这款产品在满电状态下可以独立运行 4 个小时，已经能够满足基本的使用需求。

出色的定位能力是 HTC Vive 控制手柄的撒手锏之一，Lighthouse（灯塔）技术的引入能够将定位误差缩小到亚毫米级别，而激光定位也无疑是排除遮挡问题的最好解决方案。房间对角的两个发射器通过垂直和横向扫描，就能构建出一个"感应空间"。而设备顶端的诸多光敏传感器，则能帮助计算单元重建一个手柄的三维模型。

2.2　主流的 VR 硬件设备

本节我们将针对目前世界上主流的 VR 硬件设备进行介绍，讲解这些 VR 硬件设备的基本构成、特色技术及发展情况。

2.2.1　Oculus Rift

自从 Oculus 发售第一款产品——Oculus Rift CV1 以来，一路上经历高低起落的不仅仅是 Rift 头显这款产品本身，Oculus 公司也掀起了一场新的变革，随之而来的是一种身临其境式的全新娱乐方式。

Oculus 创始人 Palmer Luckey 是一名年轻的创业者，在他将 VR 头显原型展示给 Brendan Iribe 和 John Carmack 两位游戏行业的资深人士后不久，Oculus 就在 Kickstarter 上发起了众筹，并在 2012 年推出了首款设备——Oculus Rift DK1（见图 2-10）。当时推出的机型更偏向于概念机而非实体机，这一设计牢牢抓住了科技界人士的眼球，为其后来推出实体机打下了良好的基础。最初在 kickstarter 网站上展示出的机型对 Rift 良好的后期发展来说功不可没，但缺乏了耳机设计，从外形上看起来十分笨重，因此并未能投入实际生产。

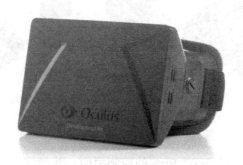

图 2-10　Oculus Rift DK1 VR 头盔

DK1 号称 Oculus Rift 首款"实体机"，也是粉丝们和感兴趣人士能拿到手的第一款 Rift 设备。虽然 DK1 的外形也略显笨重，LCD 屏在当时市面上也算不上酷炫，但它还是实现了公司的初衷，也吸引了设计师们参与到 Rift 的游戏制作中。

2013 年夏，Oculus 团队开始为 Rift 研发新机型 HD Prototype（见图 2-11），此次研发的重点在于改善高清画面，整体机型外观也会有所改变。在研发过程中，制作团队发现硬件的升级改善速度很快，很快就可以推出更优质的产品。这样一来，特意推出 HD Prototype 显得很没必要，所以这款机型也成为极少数改进后也没能进入市场的 Rift 产品。

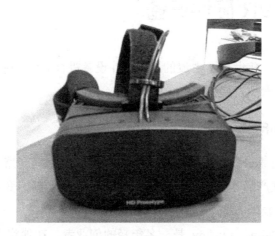

图 2-11　HD Prototype 开发机

在 HD Prototype 研发出 8 个月后，Crystal Cove 也于 2014 年在国际消费电子展上与大家见面（见图 2-12）。Crystal Cove 配有头戴摄像头，能带来更佳的体验。显示屏也从此前的 LCD 屏升级为 OLED 屏，不仅外观更加好看，还保证了更优质的画质。这款机型配有运动跟踪体系,能够减轻许多 VR 用户的晕动症。Crystal Cove 体现出的许多理念也有望能整合到新款 Rift 产品中。

图 2-12　Crystal Cove 开发版

在经历了几款产品的研发后,Oculus 推出了第二款用于销售的开发版 VR 硬件设备——Oculus Rift DK2（见图 2-13）。DK2 于 2014 年 7 月开始发售,其与 Crystal Cove 很相像,且比 DK1 更高级。它的显示屏更优质,刷新频率快,外形也更美观。相较于 DK1,DK2 的操作方式也要简捷许多。

图 2-13　Oculus Rift DK2 VR 头盔

2016 年 3 月,Oculus 公司终于推出了真正意义上的消费级 VR 硬件设备——Oculus Rift CV1,这款 VR 硬件设备由 Crescent Bay 研发版改进而来。Oculus Rift CV1 配备两块分辨率为 1080px×1200px 的 OLED 显示屏,安装定制菲涅耳透镜。头盔的设计符合人体工程学,重量很轻,拥有独特的绑带,内置耳机。它还安装了独立 USB 红外摄像头,捆绑无线 Xbox One 控制器和一个小遥控（见图 2-14）。

图 2-14　Oculus Rift CV1 正式版 VR 设备

两块分辨率为1080px×1200px的OLED显示屏色彩相当艳丽，刷新频率高达90Hz，这得益于Oculus在消费者版（CV1）中加入了异步时间扭曲技术（Asynchronous Timewarp, ATW）。简单来说，这项技术是通过插中间帧的方式来减少画面的抖动，有效提高刷新频率。其实在手机端的 Gear VR 中，Oculus 就已经使用了 ATW 技术，而运用在需要一定程度空间定位的 PC 端头盔 CV1 上，则需要更强大的技术支持。

Oculus Rift CV1 定位器使用的是红外摄像头，定位相当准确，在可追踪范围内不会出现漂移，超出范围也最多出现人在动、画面不动的轻微不适感，不会出现画面漂移的状况。尽管 CV1 看上去只是一个黑色的头罩，但是其前方及后脑勺的地方其实都布满了红外灯（IR LED），因此转头也是可以被跟踪的。

作为操控手柄，Oculus Touch 并不是随机器附带的，而需要额外付费购买。手柄的控制面板中嵌入了一个小型摇杆和数个圆形按键，握柄方向同样设置了单阶扳机（见图 2-15）。Oculus Touch 内部植入的摄像头感应器成了亮眼之处，它能够通过感知距离模拟出手指的大致动作，这大大增强了控制器的可扩展性。Oculus Touch 的缺陷在于定位方案的不完善，虽然红外光学定位和九轴系统的辅助本身还是不错的，也能避免一部分遮挡问题，但系统默认只配备了一个红外摄像头，仅能感应正前方的小块区域，限制了 Oculus Touch 的使用范围。

图 2-15　Oculus Touch 手柄

2.2.2 HTC Vive

在 HTC Vive 正式发布之前，作为软件开发商的 Valve 公司和手机大厂之一的 HTC，各自都已经在开展 VR 产品的研发和探索工作。2012 年，Valve 公司开发了一套由相机和 AprilTag 组成的简易头戴显示系统（HMD），如图 2-16 所示。所谓的 AprilTag，其实可以理解为尺寸更大但更简化的 QR 码，它们能用于增强现实（AR）、相机校准或机器人开发。

图 2-16 Valve 公司开发的简易头戴显示系统

当时 Valve 公司面临的最大障碍就是 HMD 显示的图像比较模糊，在之后的开发过程中，团队意识到低视觉暂留（Low-persistence）的显示器对游戏效果会起到至关重要的作用。而 Valve 公司当时要实现的是让面板在亮起 1 毫秒后再熄灭 9 毫秒，他们希望以此来防止残影的产生。为了证实自己的想法，他们先做出了一款能让佩戴者看到另一个三维空间的"望远镜"，然后基于现成的 OLED 面板设计出高帧率、低暂留的 VR 显示器。他们最终设计制作出的 VR 头盔不仅体积大，而且外观丑陋，而 Valve 公司真正想要的是那种能让用户在整个房间里自由活动的 VR 设备，此时此刻的开发团队在困境前一筹莫展。

2013 年年初，HTC 打算不再只做一家传统的手机公司，面对 VR 科技的浪潮，其也想加入其中。HTC VR 事业部副总裁 Daniel O'Brien 说："这是一种新的媒介，它正在起势，我们深知这一点，所以一定要冲在前面。"言下之意就是，HTC 公司也要开始做 VR 原型机了。

负责 HTC VR 产品整体计划的是以 One 系列手机而为人所熟知的设计师 Claude Zellweger（现任 HTC 设计总监），之前的 Re Camera（见图 2-17）和 Re Grip 都是其团队的作品。但毫无疑问，Vive 是其至今为止面临的最大挑战，此时的产品团队正式更名为 HTC Future Development Lab。实际上，HTC 原本想把设备命名为 Re Vive，在符合产品线命名规律的同时，也表达了重振公司士气的含义，但随着之后营销的进行，前面的"Re"逐渐被淡化了，最终只留下了简洁的后半部分。

图 2-17　HTC 研发的 Re Camera

2014 年 1 月，Valve 公司宣布与 Oculus 公司合作推进 PC VR，这说明了 Valve 公司对于 VR 产品推行的理念和决心。不过，之后 Valve 公司与 Oculus 公司并没有顺利往下发展，两者最终分道扬镳。究其原因，多半是双方对于 VR 产品推行的理念不同。

2014 年下半年，Valve 公司正式与 HTC 公司建立合作意向，并且在 VR 产品研发上具有一致的理念。之后的产品开发是基于 2012 年的那套系统来做的，但 Valve 公司已经开始逐渐放弃不太实际的 AprilTag 方案，这时摆在其面前的是点追踪和激光追踪两种全新的备选技术。点追踪是在控制器和 VR 头盔上布满定位点，然后由固定的相机利用机器视觉来确定这些点的即时位置。而激光追踪则是在头戴设备和控制器上装设感应器，另外还需要一个专门的独立激光发射站。

就精准度来说，激光追踪的效果是最好的，但要达到整个房间都能轻松应用的水准，头戴设备的设计、制作难度就会很高。这是因为发射站会高速轮转向屋内射出激光，同时其内建的 LED 还会以每秒 60 次的频率闪烁。而 VR 头盔上的感应器，则会探测到人眼看不见的光束变化，它会根据激光、LED 被捕捉到的时间间隔来确定佩戴者的位置和朝向。那么，要在整个房间里顺利实施这样的追踪方案，就必须有足够多的感应器来覆盖各个不同的方向。

选定激光追踪作为开发目标后，Valve 制作出了一台原型机，这台设备虽然可以正常工作，但外观粗糙，而且表面布满了外露的电线。接下来，就要靠 HTC 来把它转化为真正的工业级产品。Zellweger 的团队借助 3D 打印等技术来确定感应器的位置，其间设计更改了多次，原型机也在 Valve 总部、HTC 旧金山办公室和中国台湾总部间不停往返。

在 HTC 和 Valve 合作了近 6 个月以后，他们决定开始将自己的产品进行小范围的发布。2014 年 10 月，一批经过挑选的开发者被邀请到了 Valve 的华盛顿办公室，专程去体验了一下尚未对外公开的 Vive。在得到开发者的反馈和建议之后，Valve 和 HTC 又对产品进行了修改和调整，最终版本的 Vive 在 2015 年 3 月的 MWC 展会上隆重登场（见图 2-18）。而于两周后举行的 GDC 2015（2015 年美国游戏开发者展会），则成了相关游戏内容方展示各自作品的舞台。一年之后，产品的预售正式启动，消费级版本的 VR 设备再度于 2016 年的 MWC 和 GDC 展会上亮相。

图 2-18　2015 年发布的 HTC Vive 版本

2018 年 1 月，HTC 在 CES 展会上发布了 Vive 的升级版——HTC Vive Pro（见图 2-19）。HTC Vive Pro 着重改善了 HTC Vive 中广为用户诟病的佩戴方案与分辨率等问题，新头显根据人体工程学重新设计了 Vive Pro 的头带，增加了内置耳机、双麦克风和双前置摄像头，同时减轻了头盔的重量。除此之外，OLED 的屏幕分辨率也升级到了 2880px×1600px，比之前 Vive 2160px×1200px 的分辨率提高了 78%，相应的 PPI（每像素密度）也从第一代的 448 提升到了现在的 615。

图 2-19　HTC Vive Pro VR 头盔外观

下面我们来了解一下 HTC Vive 的空间定位技术。HTC 的 Lighthouse 室内定位技术属于激光扫描定位技术，通过墙上的两个激光传感器识别佩戴者佩戴的机身上的位置追踪传感器，从而获得位置和方向信息。具体来说，Lighthouse 室内定位技术不需要借助摄像头，而是靠激光和光敏传感器来确定运动物体的位置。两个激光传感器会被安置在对角的位置上，形成一个 15 英尺×15 英尺的长方形区域，这个区域可以根据实际空间大小进行调整。激光束由传感器里面的两排固定 LED 灯发出，每秒 6 次。每个激光传感器内都设计有两个扫描模块，分别在水平和垂直方向上轮流对定位空间发射横竖激光，扫描 15 英尺×15 英尺的定位空间。Lighthouse 室内定位技术图示如图 2-20 所示。

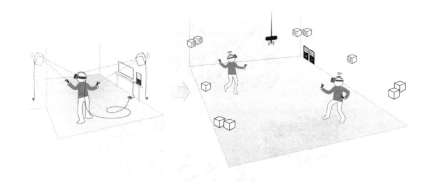

图 2-20　Lighthouse 室内定位技术图示

HTC Vive 头盔和手柄上有超过 70 个光敏传感器。拆开 HTC Vive 头显的外壳，你会看到密密麻麻的传感器，总共有 32 个（见图 2-21）。这些都是用来接收 Lighthouse 基站发出的红外光的，在基站的 LED 闪光之后就会自动同步所有设备的时间，然后激光开始扫描。此时光敏传感器可以测量出 X 轴激光和 Y 轴激光分别到达传感器的时间，激光传感器会分别以垂直和水平两个模式扫描整个房间，头显和手柄上的传感器接收到这些信号之后完成定位。

图 2-21　HTC Vive 头盔上的传感器

为了确保 Lighthouse 基站能够准确定位，Vive 手柄上搭载了 24 个传感器，电路板上还有 7 个测试点。换句话说，激光扫掠过传感器是有先后顺序的，因此头显上的几个传感器感知信号的时间存在先后关系，于是各个传感器相对于基站的 X 轴和 Y 轴角度也就已知了。而头显和手柄上安装传感器的位置已经提前标定过，位置都是固定的，这样根据各个传感器的位置差，就可以计算出头显和手柄的位置及运动轨迹。Lighthouse 定位流程如图 2-22 所示。

图 2-22　Lighthouse 定位流程

激光定位技术的优势，首先是成本低。相对于昂贵的红外动作捕捉摄像机，利用激光光塔进行动作捕捉的成本就相对低廉很多了。之所以之前高盛对 HTC 的产品估价高达 1000 美元左右，是因为他集成了 HMD 及运动手柄，单算到定位系统的价格可能在 400 美元左右。

其次，定位精度高。在 VR 领域，超高的定位精度意味着卓越的沉浸感。激光定位技术的精度可以达到 mm 级别，也就成就了 HTC 带来的震撼效果。而且，激光定位技术几乎没有延迟，不怕遮挡，即使手柄放在后背或胯下，也依然能捕捉到。激光定位技术在避免了基于图像处理技术的复杂度高、设备成本高、运算速度慢、较易受自然光影响等劣势的同时，实现了高精度、高反应速度、高稳定性且可在任意大小空间内实现的室内定位。

2.2.3　Sony PlayStation VR

2016 年 3 月，索尼公司正式公布 PlayStation VR（简称 PS VR），引起极大关注；同年 10 月，PS VR 正式发售。与 Oculus Rift 和 HTC Vive 产品不同，PS VR 并不是依托于电脑主机运行的，而是需要搭配索尼公司自家生产的 PlayStation 4（简称 PS4）游戏主机使用。所以，PS VR 的定位就是一台彻彻底底的 VR 游戏设备。除 PS4 游戏主机外，PS VR 的硬件设备还包括 VR 头盔、PS 摄像头、Processor 连接盒、Move Motion 控制手柄（见图 2-23）。

图 2-23　PS VR 的硬件设备

PS VR 头盔的外观精致，充满未来风格，流线外观和黑白配色符合大多数人的审美。当设备启动后，配合闪动的 LED 灯更是酷炫。头显设备佩戴起来十分舒适，绑带都有海绵缓冲，紧密贴合头形。PS VR 头盔重达 610 克，比 Oculus Rift 重 200 多克，但舒适度和易用程度却更胜一筹。虽然 PS VR 头盔重，但其重量并非集中在前半部分，而是通过头显设备上的一些支撑设计将重量分布在两侧和四周。另外，由于设备本体的左侧面吊有线缆，为了平衡重量，在头显设备的右侧又增加了两个配重。可以看出，为了优化用户体验，PS VR 在人体工程学设计上下了不少功夫。

另外，PS VR 头盔对于戴眼镜用户的友好性也是主流头盔中表现最优秀的，位于头显顶部和底部的两个按钮可以大范围地调整头显内部的空间体积，佩戴之后还可以通过头显后方的旋钮微调松紧，直至找到最舒适的角度，而能否最舒适地佩戴头显对后续实际的体验会有很深的影响。

PS VR 头盔也应用了 OLED 显示屏，但其分辨率只有 1920px×1080px，也就是单眼 960px×1080px，对比 Oculus 和 HTC 的产品，其显示分辨率是最低的。仅从数据来看就已经能够知道，PS VR 的画面效果会和 Oculus Rift 及 HTC Vive 有一定的差距，实际上这也是这套设备最大的技术局限。在体验中我们会发现，其屏幕的颗粒化程度比 Oculus Rift 和 HTC Vive 更明显，在第一方游戏中画面也会显得模糊，尤其是暗部。

PS VR 头盔并不是直接与 PS4 游戏主机进行连接的，而是通过一个 Processor 连接盒将 PS4 游戏主机的一路 HDMI 信号转化为两路 HDMI 信号，再传输给 PS VR 头盔使用（见图 2-24）。而 PS VR 的运动反馈又需要 Processor 连接盒占用一个前置 USB 口当作输入。Processor 连接盒本身又需要电源，而且索尼在 Processor 连接盒和头盔之间又加了一个小的控制器来控制 PS VR 开关和提供音频输出。所以，PS VR 的连接和组装相对于 Oculus 和 HTC 的产品来说要复杂和不便。

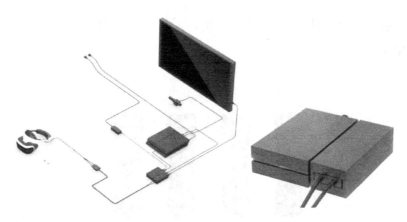

图 2-24　PS VR 设备的连接示意图

PS VR 的定位原理跟 Oculus Rift 有些相似,都是通过正前方的红外线摄像头来识别和捕捉定位。PS VR 头盔和 PS Move 手柄共有 9 个感应器捕捉点,很显然,从参数上就可以看出 PS VR 的位置追踪会相对逊色。索尼之前在官方文件中表示,红外摄像头最多可以追踪至 9.8 英尺(约为 2.98 米)的距离。如果用户移动至该范围以外的区域,则 PS VR 会发出警告,告知用户已不在游戏区域内,这也成为 PS VR 的一大缺点。PS VR 摄像头的识别范围如图 2-25 所示。

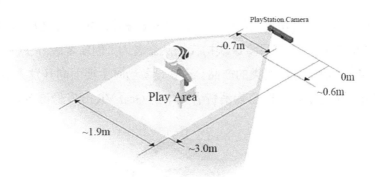

图 2-25　PS VR 摄像头的识别范围

PS VR 进行游戏时可以使用 PS4 自带的 DualShock 4 游戏手柄,也可以购买专用的 PS Move 手柄控制器来进行操作。实际上,PS Move 是一款早期发售的产品,并非针对 PS VR 专门研发的,之后只是进行了一些硬件加强和优化。

PS Move 的造型更像顶了一个彩色圆球的手电筒,持握手感也非常相似,副操纵棒上甚至加上了传统手柄的十字按键,整体的控件按钮多达十几个,操控起来有些烦琐(见图 2-26)。相比其他 VR 手柄,PS Move 的定位技术也比较落后,其可见光定位只能感应控制器的大致位置,完全谈不上精度。又由于抗遮挡性较差,多目标定位也有一定的数量限制。

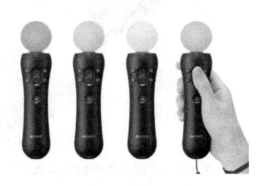

图 2-26　PS Move 手柄控制器

虽然 PS VR 在硬件设备上相对于 Oculus Rift 和 HTC Vive 稍有逊色,但作为一款定位清晰的游戏 VR 设备,PS VR 有着众多专业游戏软件的支持。同时,其价格相对低廉,这使得 PS VR 在如今的 VR 硬件设备市场上占有一席之地,与 Oculus Rift 和 HTC Vive 并列成为现在消费级 VR 设备中主流的三大产品。

2.2.4　Samsung Gear VR

Gear VR 是韩国三星公司推出的一款头戴式 VR 设备,2014 年 12 月,第一代三星 Gear VR 诞生(见图 2-27)。三星将这款初代产品命名为"创新者版",软件和游戏部分很多都是技术演示,而不是消费类的产品。这款设备当时主要面向开发人员,旨在帮助他们掌握内容开发的方法,同时也为消费者版本的 Gear VR 开发做准备。

图 2-27　Gear VR 创新者版 1.0

Gear VR 当时的定位很有创新性,三星公司并没有效仿市面上其他的主流 VR 设备,而是将其定位为一款移动端 VR 设备,也就是必须要配合手机才能使用,其适配机型是当时刚推出的 Galaxy Note 4 手机。用户必须有一台三星 Galaxy Note 4 手机,并确保它的系统升级到最新版本,然后用户需要把 Gear VR 附带的 16G Micro SD 卡插入手机中。打开 Gear VR 的黑色外罩,将 Galaxy Note 4 手机以屏幕朝里的方式固定到 Gear VR 上。安装完成后,Gear VR 会通过手机扬声器发出叮当声,告诉用户安装完毕。之后用户要取下手机,安装相应的软件,包括操作系统 Oculus Home 和视频播放器 Gear VR Video 等基本软件,整个过程十分迅速。软件安装完成后,用户要重新安装好手机,盖上外罩,将 Gear VR 戴在头上,内置的传感器会自动侦测,打开主菜单,就可以开始使用了。由于该设备由三星与 Oculus 共同开发,所以这款 VR 设备能够兼容 Oculus 的软件体系。

2015 年 3 月,三星发布了 Gear VR 创新者系列的第二个版本——型号 SM-R321。这款 Gear VR 依然是开发者版,仅支持 Galaxy S6 和 Galaxy S6 Edge 两款手机。该设备在第一代的基础上做了一些硬件升级处理:添加了一个微型 USB 端口,为外接设备提供额外的电源;在头盔里加入了一个小风扇,防止镜头起雾。

2015 年 11 月,三星正式发布第一款消费者版 Gear VR——型号 SM-R322(见图 2-28)。与市面上主流的 VR 头盔相比,其为一款价格低廉的移动端 VR 头盔。这款 Gear VR 和 Oculus Rift 重量相仿,比创新者版 2.0 还轻 19%,FOV(视场角)达 96°,可以支持更多三星旗舰机型,包括 Galaxy S6、S6 Edge、S6 Edge+、Note 5、S7 和 S7 Edge 等。在硬件方面,这款 VR 产品设计了更符合人体工程学的触摸板,便于操作。为了推广这款产品,三星商店上线了大量的 VR 游戏和 VR 电影,友军 Oculus 也提供了重量级助攻,分享了 Oculus Arcade、Oculus Video、Oculus 360 Photos、Oculus Social 等内容平台的接口。

图 2-28　Gear VR 消费者版——SM-R322

2016 年 8 月,三星发布了第二款消费者版 Gear VR——型号 SM-R323,同时发布的还有三星 Galaxy Note 7 手机。这款新的 Gear VR 大幅度地改变了机身外观,FOV 增至 101°,缓冲性能提升,触摸板更平滑。为了连接 Galaxy Note 7 手机,该型号使用 USB Type-C 端口取代了原来的 USB Micro-B 端口。与此同时,该型号的 Gear VR 为用户提供 USB Micro-B 端口的适配器，使其可以支持 Galaxy Note 7 之外的旧机型。2016年 11 月，Galaxy Note 7 手机因出现质量问题被大量召回，三星出于安全考虑，改造了这款设备，取消了与 Galaxy Note 7 手机的兼容。

2017 年 4 月，在纽约举行的 Unpacked 大会上，三星同时推出了旗舰手机 Galaxy S8 和第五代 Gear VR（第三款消费者版 Gear VR）——型号 SM-R324，如图 2-29 所示。这款 Gear VR 的适配机型包括 Galaxy S8、S8+、S7、S7 Edge、Note 5、S6 Edge+、S6、S6 Edge 等。与第四代不同的是，这款 Gear VR 首次配置了官方控制器。该控制器造型与 HTC Vive 手柄类似，顶部为圆形下凹的触控板，能够识别用户的各种动作；手柄上还有 Home 键、返回键和音量键，能够为用户提供更丰富的交互方式。

图 2-29　第五代 Gear VR——SM-R324

2017 年 8 月，三星在 Unpacked 大会上宣布推出 Galaxy Note 8 手机和第六代 Gear VR。用 VR 眼镜为旗舰手机"保驾护航"已经成为三星的传统，伴随 Galaxy Note 8 登场的第六代 Gear VR 与 Oculus 进行了更为深度的合作，但这款新型的 Gear VR 并没有给用户带来太大的惊喜。上一代 Gear VR 虽然在外观设计上没有太大变化，但是却通过手柄帮三星用户获得了更好的产品体验。而第六代 Gear VR 并没有进行任何改变，甚至连颜色、重量都完全沿用上一代的产品设计，所以市场反响并不是很好。

在三星 Gear VR 出现之前，市面上主流的 VR 设备都尽可能地在追求 VR 的沉浸感和全身体验性，三星 Gear VR 从一开始就选择了移动端 VR 的定位，在便携性、易用性和高性价比上做出了具有创新性的尝试。三星 Gear VR 对比其他 VR 设备，相当于将主机、VR 头盔、定位器等都集合在了一起，Gear VR 中内置的手机就相当于主机、显示屏和定位器，而 Gear VR 的头盔仅仅只相当于一个拥有透镜和调节模块的头戴装置（见图 2-30）。

图 2-30 三星 Gear VR 设备拆解图

三星 Gear VR 的优势是能够让自己的手机用户以低廉的价格享受到 VR 设备的体验，而且使用简单方便，不需要复杂的安装和其他外接设备，可以随时随地地进行 VR 体验。但是三星公司过度地将 Gear VR 与自己品牌的手机进行捆绑，这对于其他品牌的手机用户来说，要想体验 Gear VR 必须先购买三星手机，这样捆绑销售的价格远远高于其他主流 VR 设备。

在后面几代新型 Gear VR 的设计上，其设备仅支持最新的手机型号，这让自家手机用户也陷入捆绑销售的套路中，想体验新型的 Gear VR 就必须购买最新型号的手机，这种方式不仅不会带动手机的销售，还会让设备自身变得无人问津。

2.2.5 Google Daydream

2016 年，在谷歌 I/O 全球开发者大会上，谷歌公司 VR 方面的负责人克雷·巴沃尔（Clay Bavor）发布了一个名为"Daydream"的 VR 平台及相关的应用方案。Daydream VR 平台包含 Daydream-Ready 手机和其操作系统、配合手机使用的 VR 头盔、控制器及支持 Daydream VR 平台生态的应用。

Daydream VR 平台与三星 Gear VR 一样，是依靠移动操作系统，特别是 Android 系统建立起来的，开放性是它的另一个特点，规格都是第三方能使用的。所以，Daydream VR 平台实际上制定了一套 VR 系统标准，这套标准的目的在于定制"什么样的 Android 硬件支持 Daydream VR 平台"。谷歌公司对硬件提出具体的标准及系统层面的优化，这给手机生产商和芯片制造商提供了一个参考标准。

2016 年 11 月，谷歌发布了 Daydream-Ready 手机软硬件的具体要求。参数如下：

（1）必须满足至少物理双核芯片。

（2）必须支持持续性能模式。

（3）必须支持 Vulkan Hardware Level 0，应该支持 Vulkan Hardware Level 1。

（4）必须支持 H.264 解码，最低水平为 3840×2160/30fps-40Mbps。

（5）必须支持 HEVC 和 VP9，必须满足最低解码 1920×1080/30fps-10Mbps，应该满足解码 3840×2160/30fps-20Mbps（等同于 4 个 1920×1080/30fps-5Mbps）。

（6）必须满足 Android.hardware.hifi_sensors 对陀螺仪、加速度计和磁力计的要求。

（7）必须满足嵌入屏，分辨率必须满足最低全高清（1080P），建议分辨率为 4 倍高清（1440P）或更高。

（8）必须满足手机屏幕尺寸为 4.7～6 寸。

（9）必须满足在 VR 模式下刷新频率至少为 60 Hz。

（10）灰—灰、白—黑和黑—白显示切换延时必须不高于 3 毫秒。

（11）显示屏余晖时间必须不高于 5 毫秒。

（12）必须支持蓝牙 4.2 和 BLE 数据长度扩展。

早在 2014 年 6 月，谷歌公司就推出了一款简易的 VR 头盔装置——Cardboard。Cardboard 最初是由谷歌法国巴黎部门的两位工程师利用谷歌"20%时间"的规定，花费 6 个月做出的成果，他们希望将智能手机变成一个 VR 的原型设备，让 VR 初步进入人们的生活。Cardboard 纸盒内包括纸板、双凸透镜、磁石、魔力贴、橡皮筋 NFC 贴等部件，按照官方说明几分钟就可以将头盔组装成功，当然在外形上还是比较简陋的（见图 2-31）。

图 2-31 谷歌 Cardboard VR 设备

相比 Cardboard 来说，Daydream 硬件设备的外观提升了不少，它使用了更柔软的纤维材质和橡胶材质,重量不足 200 克,佩戴感更良好,相比三星的 Gear VR 要轻 30%，并且对眼睛近视的用户也更友好，不需要再摘掉眼镜了。Daydream 的头盔拥有 90°视场角，头显前盖可以伸缩以适应不同尺寸的手机（见图 2-32）。

第 2 章 VR 游戏开发基础

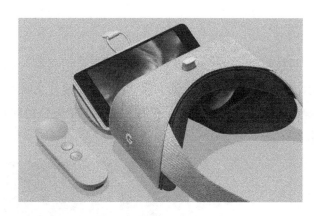

图 2-32　Daydream 硬件设备

Daydream 配备的无线控制器内置了陀螺仪，可以检测到方向、行动及加速度，类似于 Gear VR 和 Cardboard 的位置追踪功能。控制器手柄的按键设计十分简洁，仅仅由 Home 键、App 选择键和触屏三部分组成，使用户在不看按键的状态下仍然可以对手柄进行操作，同时用户能像使用激光笔一样点选 VR 菜单栏。这种无线控制器通过 USB 充电，充满电后一次性可以使用 12 个小时。而三星的 Gear VR 主要通过头显右侧的触摸板进行交互，尽管其给予用户的体验并不差，但没有体感交互很难创造出更为沉浸的 VR 体验。

Daydream Home 是 Google Daydream VR 的主界面，其中包含欢迎界面，可以使用户随时读取，从而获得最基本的使用说明。Daydream 用户可以将各种 VR 的应用软件下载到 Daydream Home 中，以便随时进行系统安装及调取。主界面并不简单是应用程序的堆积，它的外观设计也相当精美，用户从平台上选择读取应用程序时，就像置身于一个真实的 3D 世界中。此外，用户通过使用安卓 Deep Links 可以直接在主界面中升级自己的应用程序，而无须重新下载升级版本的应用程序。安装在 Daydream 中的 Play Store 链接了所有的应用程序，并且连接所有用户，统一网上的购买机制。

Daydream Home 的另一个优势是可以将 VR 应用程序的下载与安装和 VR 一体机的使用完全分离，比如当你在朋友家看到一款全新的 VR 游戏软件，而一体机却不在身边时，你完全可以将 VR 游戏软件先行下载到 Daydream Really，然后回到家中再与一体机相连接进行体验。

同样作为移动平台的 VR 设备，三星的 Gear VR 和谷歌的 Daydream 各自选择了自己的模式和道路。三星一直将 VR 设备和自己的手机设备进行捆绑，而谷歌则将 VR 作为一个开放的平台，吸纳更多品牌的手机设备；在价格方面，Daydream 也比 Gear VR 更有优势。我们相信，只要 Daydream 在 VR 产品的内容方面深入下去，一定会有更好的发展。

2.2.6 iGlass

2012年10月,科技媒体 Gizmodo 曝光了一张苹果公司"浸入式"智能眼镜 iGlass 的概念图。图片显示,一位女士佩戴着一款大尺寸的眼镜,镜片上显示的是导航地图(见图 2-33)。这样的概念产品并非空穴来风,早在 2006 年苹果公司就曾申请过类似的佩戴式计算设备专利。

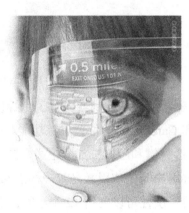

图 2-33　苹果公司 iGlass 概念图

iGlass 通过使用两个液晶显示屏把图像直接投射到佩戴者的眼中,扩大了佩戴者的视野,提升了影像的像素数量和清晰度。大面积的立体图像会在极大程度上填满佩戴者的视野,让佩戴者有一种"浸入式"的感觉,而且还不会产生眩晕。图 2-34 所示为 iGlass 的专利设计图,图像呈现在一个头戴式显示器中,该设备能够同时处理并显示数据,就像一台微型计算机一样。

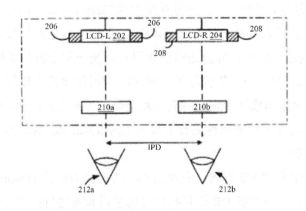

图 2-34　iGlass 的专利设计图

到目前为止 iGlass 都没有正式发布,有效的信息依然是网上流传的概念和专利图片,尽管如此,我们仍然可以把 iGlass 看作未来 VR 设备发展的一个方向。当然,苹果公司的尝试也可能会失败,最终只打造出如同谷歌眼镜一样的产品,充当一个移动显示器。但不管怎样，科技的发展就是靠这些看似不可能实现的创意来驱动的，最终 VR 设备究竟会进化成怎样，让我们拭目以待。

2.3　VR 游戏开发平台介绍

VR 与桌面、移动平台一样，是一种新的人机交互形式。虽然现在 VR 硬件设备的发展日新月异，但决定 VR 成败的关键仍然是内容。硬件平台的内容就是软件，软件的研发离不开程序员，离不开编程工具、语言和引擎。所以，本节我们要了解一下 VR 的开发平台。

现在市面上主流的 VR 平台可分为两大类：有线 VR 平台和无线 VR 平台。有线 VR 平台是指基于 PC 主机类的 VR 设备，如 Oculus Rift、HTC Vive 及 Sony PS VR 等，其特点是能够提供基于强大计算能力的极佳的综合体验效果。无线 VR 平台是以 Google Daydream、三星 Gear VR 为代表的移动端 VR 平台，通过手机或穿戴式设备实现无线显示，其优点是可以随身携带，缺点是计算能力不如主机强大。

目前来看，有线 VR 平台是主流方向，强大的硬件处理能力带给用户极佳的沉浸感体验。整体来说现在 VR 还处于发展的初期阶段，优秀的性能无疑是用户选择的主要方向，但随着科技和硬件技术的发展，未来无线 VR 平台一定是主流方向，便携、易于操控的 VR 设备一定可以在日常生活中带来更好的应用，甚至 VR 还可以结合 AR 技术实现丰富的功能拓展（见图 2-35）。

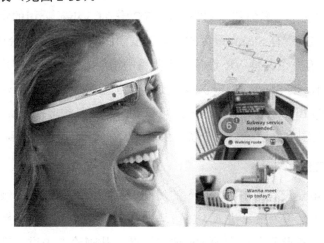

图 2-35　未来的 VR 应用

VR 可能不仅指 VR 头盔，还包括其他一些 VR 硬件设备，比如手势识别器、跑步机、运动座椅等。VR 目前还在快速发展当中，未来一切都还是未知数。目前市面上有一款 Leap Motion 手势输入设备，其新的 Orion SDK 效果非常优秀，是目前市场上性价比最高、最有可能达到消费者级别的一种 VR 输入设备（见图 2-36）。

图 2-36　Leap Motion 手势输入设备

目前市面上主流的 VR 硬件平台包括 Oculus Rift DK1/DK2/CV1、HTC Vive、PS VR、三星 Gear VR、谷歌 Daydream 等，这些我们前面都已经详细介绍过了，下面主要了解一下各个平台在游戏开发上的差异。对于无线 VR 平台来说，其游戏开发主要在手机平台上进行，通常为安卓平台，这里就不做过多讲解了。下面主要介绍有线 VR 平台。

1．HTC Vive

HTC Vive 的优点不多但却非常突出。HTC 作为 Valve 公司的官方合作伙伴，有 Steam VR 做技术支持，有 Steam 背后的游戏开发商做支撑，开发平台更加稳定、可靠。另外，HTC Vive 有一个其他 VR 设备都不具备的拓展开发优势，即房间追踪系统。房间追踪系统由 Valve 的 SteamVR 提供技术支持，这同时也是 HTC Vive 的最大特色。使用以激光为基础的 Lighthouse 追踪系统，可以让用户在佩戴虚拟现实头显时在 15 英尺见方的物理空间范围内自由移动，设备能够将用户的动作完美复制到游戏中。

2．Oculus Rift

Oculus Rift 虽然没有像 HTC Vive 的房间追踪系统那样撒手锏级别的优势，但优势也并不少。首先，作为最早进入 VR 市场的初创企业，Oculus 显然在开发层面上更加成熟，而且还有着世界上最大的 VR 研发团队，从理论上来讲，开发难度最低。其次，论体量，Oculus 有全球第四大科技公司 Facebook 做靠山，而且也是 3 家公司中唯一一家全身心投入在 VR 上的公司，所以从开发者角度来说，Oculus 的开发环境更加稳定、可靠。另外，Oculus Rift 是 3 个 VR 平台中唯一一个游戏主机和 PC 主机都兼容的 VR 平台。

3. PS VR

索尼 PS VR 的优势其实可以总结为一句话——单一主机平台的优越性。首先，PS4 作为 PS VR 的运行平台，门槛远低于以 GTX970 起步的 PC 主机。其次，PS4 作为 PS VR 的唯一运行平台，游戏开发商能够专一针对 PS4 进行最大程度的优化。虽然游戏主机的配置要比高端的 PC 主机低很多，但是其能够输出并不逊色于高端 PC 主机的游戏效果，这正是优化的功劳。同时，游戏主机内部硬件整齐划一，使开发者能够有的放矢地针对其进行深度优化，而这同样也是游戏主机的魅力所在。所以，单一设备平台无疑将大幅提升 VR 设备连接时的简便性和兼容性，如果说三者之中哪个能够最先实现 VR 设备的即插即用，那么非 PS VR 莫属。另外，索尼公司从 PS 主机时代就开始养成良好的习惯，对开发者的支持最为完善，所以在无形中又进一步降低了开发难度。

综上所述，3 个主流有线 VR 平台在游戏开发上的差异如下：HTC Vive 开发平台稳定（有 Steam VR 做技术支持），开发拓展优势明显，但开发难度高；Oculus Rift 开发环境稳定（有 Facebook 做靠山），平台开发经验多，开发难度较低；PS VR 开发生态稳定（PS4 单一成熟生态），开发支持力度强，开发难度较高。

除硬件平台外，在 VR 游戏开发中最重要的就是对游戏引擎的选择。目前在 VR 游戏研发领域，最为常用的两个游戏引擎是 Unity 和 Unreal，我们经常称其为"双 U"引擎（见图 2-37）。Unity 是由 Unity Technologies 开发的一个让玩家轻松创建诸如三维视频游戏、建筑可视化、实时三维动画等类型互动内容的多平台的综合型游戏开发工具，是一个全面整合的专业游戏引擎。Unreal 是 Epic Games 公司发布的游戏引擎，是目前世界上非常知名、授权最广的顶尖游戏引擎，占有全球商用游戏引擎 80%的市场份额。下面来介绍一下这两个游戏引擎在 VR 开发方面的特点。

图 2-37　Unity 和 Unreal 引擎的 Logo

Unity 引擎提供了非常庞大的游戏特性，它最出色的地方就是它的跨平台特性，这意味着你的游戏可以迅速且方便地被发布到 Android、iOS、PlayStation 3、Xbox 360 等上面，这使得它是一个非常棒的移动游戏开发引擎。Gear VR 上 90%的 VR 应用和游戏都是使用 Unity 引擎开发的，可见对于移动 VR 来说，沿袭了手游时代的特点，Unity 仍然是首选开发引擎。毕竟众多的手游厂商一旦选择向 VR 转型，90%以上都会选择移动VR。

Unity 引擎在技术上架构比较开放、灵活，没有固化、预设太多的流程，使项目的开发有较多的可能性。而且，Unity 引擎有各种各样的辅助插件，可以自己定义自己的工具链和工作流，所以很多团队都会根据自己的需要去整合一些插件到 Unity 引擎中来满足开发的需要。

Unity 引擎走的是社区战略，核心比较小，学习成本低，入门门槛比起 Unreal 引擎低了不止一个级别，而且还变相免费。由于成本低，学习和使用 Unity 引擎的人非常多，给公司带来的好处就是人才招聘更加容易。不仅如此，在工作之余，不少游戏策划和美术设计师都在试着学习用 Unity 引擎做游戏。

Unreal 引擎走的是工业化战略，诞生之初就是为了制作高品质画面的次世代游戏，其宣扬的使命是要做最好的游戏。单纯从渲染效果和运行效率来说，Unreal 引擎无疑具有明显的优势，而就目前来说，这两点对于 VR 体验非常关键（见图 2-38）。此外，Unreal 引擎最棒的是其扩展能力，它既能用于个人开发者花费个把月的时间开发独立游戏，也能用于几百人的开发工作室花费几年的时间开发一款游戏。它能被开发者充分利用，这也使得它成为开发优秀游戏最切实可行的方式。

图 2-38　Unity 和 Unreal 引擎的渲染画面对比

但是 Unreal 引擎的缺点也很明显：学习周期太长，设计人员需要对相应的工具（如材质、动画、粒子等）有相当深的理解才能使其完全发挥出性能。而且，在很多核心问题上，Unreal 引擎资料稀少，没有精通 Unreal 源码的团队很难完全发挥出其优势。Unity 引擎从 5.0 开始，也开始侧重渲染的开发，虽然目前和 Unreal 引擎还有一定的差距，但其优势是开发上手快，界面也很容易使用，相关开发链上无论是资源还是插件，都非常完善，就开发效率来说更胜一筹。

第3章

VR 游戏美术设计基础

所谓"工欲善其事,必先利其器",对于游戏美术设计师来说,熟练掌握各类制作软件与工具是踏入游戏制作领域最基本的条件,只有熟练掌握软件技术才能将自己的创意和想法淋漓尽致地展现在游戏世界当中。本章将为大家讲解 VR 游戏制作中常用的三维制作软件及游戏引擎相关方面的基础知识。

3.1 3ds Max 软件介绍

在 3D 游戏美术制作中,常用的三维制作软件主要有 3ds Max 和 Maya。在欧美和日本的计算机和家用机游戏制作中,通常使用 Maya 来进行 3D 制作;而国内大多数游戏制作公司,尤其是手机游戏,主要使用 3ds Max 作为三维模型制作软件,这主要是由游戏引擎技术和程序接口技术所决定的。虽然这两款软件同为 Autodesk 公司旗下的产品,但在功能界面和操作方式上还是有着很大的不同。在接下来的内容中,我们主要对 3ds Max 软件进行讲解。

3D Studio Max,常简称为 3ds Max 或 MAX,是 Autodesk 公司开发的基于 PC 系统的三维动画渲染和制作软件。3ds Max 软件的前身是基于 DOS 操作系统的 3D Studio 系列软件。作为元老级的三维设计软件,3ds Max 具有独立、完整的设计功能,广泛应用于广告、影视、工业设计、建筑设计、多媒体制作、游戏、辅助教学及工程可视化等领域。

由于其堆栈命令操作简单、便捷，加上强大的多边形编辑功能，使得 3ds Max 在游戏三维美术设计方面显示出得天独厚的优势。2005 年，Autodesk 公司收购了 Maya 软件的生产商 Alias，成为全球最大的三维设计和工程软件公司。在进一步加强 Maya 整体功能的同时，Autodesk 公司并没有停止对 3ds Max 的研究与开发。从 3ds Max 1.0 开始，到经典的 3ds Max 7.0、8.0、9.0，再到最新的 3ds Max 2019（见图 3-1），每一代的更新都在强化旧有的系统和不断增加强大的新功能，从最初简单的模型制作软件发展为现在功能复杂、模块众多的综合型三维设计软件，这使得 3ds Max 软件在功能性和操作人性化方面都得到了极大的改进。

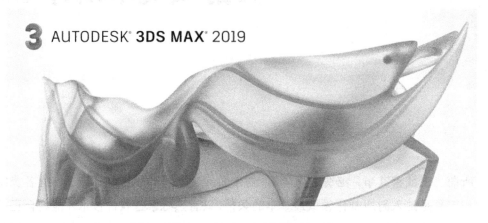

图 3-1　3ds Max 2019 的 Logo

具体到 VR 游戏美术制作来说，主要应用 3ds Max 软件制作各种游戏模型元素，如场景建筑模型、植物山石模型、角色模型等。另外，游戏中的各种粒子特效和角色动画也要通过 3ds Max 来制作。各种三维美术元素最终要导入到游戏引擎地图编辑器中使用，在一些特殊的场景环境中，3ds Max 还要代替地图编辑器来模拟制作各种地表形态。下面我们从不同方面来了解 3ds Max 软件在游戏制作中的具体应用。

1．制作建筑模型

建筑模型是三维游戏场景的重要组成元素，通过各种单体建筑模型组合而形成的建筑群落是构成游戏场景的主体要素（见图 3-2），制作建筑模型是 3ds Max 在三维游戏场景制作中的重要作用之一。除游戏中的主城、地下城等大面积纯建筑形式的场景外，三维游戏场景中的建筑模型还包括以下形式：野外村落及相关附属的场景道具模型；特定地点的建筑模型，如独立的宅院、野外驿站、寺庙、怪物营地等；各种废弃的建筑群遗迹；野外用于点缀装饰的场景道具模型，如雕像、栅栏、路牌等。

图 3-2　游戏中的主城是由众多单体建筑模型构成的复杂建筑群落

2. 制作各种植物模型

在游戏中,除以主城、村落等建筑为主的场景外,游戏地图中绝大部分场景都是野外场景,因此需要用到大量的花草树木等植物模型,这些也都是通过 3ds Max 来制作完成的。制作完成后的植物模型导入到游戏引擎地图编辑器中可以进行"种植"操作,也就是将植物模型植入到场景地表当中。植物的叶片部分还可以做动画处理,让其可以随风摆动,显得更加生动自然(见图 3-3)。

图 3-3　游戏场景中的植物模型

3. 制作山石模型

在三维游戏的场景制作中,大面积的山体和地表通常由游戏引擎地图编辑器来生成和编辑,但这些山体形态往往过于圆滑,缺乏丰富的形态变化和质感,所以要想得到造型更加丰富、质感更加坚硬的山体,就必须通过 3ds Max 来制作山石模型(见图 3-4)。

3ds Max 制作出的山石模型不仅可以用作大面积的山体造型，还可以充当场景道具来点缀游戏场景，丰富场景细节。

图 3-4　游戏场景中的山石模型

4．代替地图编辑器制作地形和地表

在个别情况下，游戏引擎地图编辑器对地表环境的编辑可能无法达到预期的效果，这时就需要通过 3ds Max 来代替地图编辑器制作场景中的地形结构。例如图 3-5 中的悬崖场景，悬崖的形态结构极具特点，同时还要配合悬崖上的建筑和悬崖侧面的木梯栈道，这就需要使用 3ds Max 根据具体的场景特点来进行制作，有时还需要通过 3ds Max 和地图编辑器共同配合来完成。

图 3-5　网络游戏中特殊的场景地形

5. 制作角色模型和动画

除游戏场景模型外,在三维游戏中游戏角色模型的制作也是 3ds Max 的主要制作任务。游戏角色建模完成后,我们还需要对模型进行骨骼绑定和蒙皮设置,通过三维软件中的骨骼系统使模型实现可控的动画调节(见图 3-6)。骨骼绑定完成后,我们就可以对模型进行动作调节和动画的制作,最后调节的动作通常需要保存为特定格式的动画文件,然后在游戏引擎中,系统和程序根据角色不同状态对动作文件进行加载和读取,实现角色的动态过程。

图 3-6 3D 角色及骨骼动画

6. 制作粒子特效和动画

粒子特效和动画是游戏制作中后期用于整体修饰和优化的重要手段,其中粒子特效和动画部分的前期制作是通过 3ds Max 来完成的,包括角色的技能动画特效及场景特效等。特效的粒子生成、设置及特效需要的模型元素都在 3ds Max 中进行独立制作,完成后再导入到游戏引擎编辑器中。游戏场景中的瀑布效果如图 3-7 所示。

图 3-7 游戏场景中的瀑布效果

对于 VR 游戏美术制作，尤其是移动平台的 VR 游戏美术制作来说，我们利用 3ds Max 主要是制作游戏模型，在一些游戏项目中对建模的要求并不高，所以对于所使用的 3ds Max 软件版本的选择，并不一定要刻意追求最新的软件版本。在考虑软件功能性的同时，也要兼顾个人计算机的硬件配置和整体的稳定性，要保证软件在当前的个人系统下能够流畅运行，尽量避免低配置计算机使用过高的软件版本而带来的频繁死机、系统崩溃问题。通常来说，3ds Max 2012 以后的软件版本在功能性上对于游戏美术制作来说已经足够，我们可以根据游戏项目的要求及个人计算机的硬件情况来选择适合的软件版本。

3.2 游戏引擎的定义

"引擎"（Engine）这个词汇最早出现在汽车领域，引擎是汽车的动力来源，它就好比汽车的心脏，决定着汽车的性能和稳定性，汽车的速度、操纵感等直接与驾驶相关的指标都建立在引擎的基础上。电脑游戏也是如此，玩家所体验到的剧情、关卡、美工、音乐、操作等内容都是由游戏引擎直接控制的，它扮演着中场发动机的角色，把游戏中的所有元素捆绑在一起，在后台指挥它们同步有序地工作（见图 3-8）。

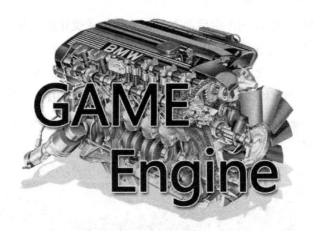

图 3-8 游戏引擎如同汽车引擎一样精密复杂

例如，在某游戏的一个场景中，玩家控制的角色躲藏在屋子里，敌人正在屋子外面进行搜索。突然，玩家控制的士兵碰倒了桌子上的一个杯子，杯子坠地发出破碎声。敌人在听到屋子里的声音之后，聚集到玩家所在位置。玩家开枪射击敌人，子弹引爆了周围的易燃物，产生爆炸效果。在这一系列的过程中，正是游戏引擎在后台起着作用，控制着游戏中的一举一动。简单来说，游戏引擎就是用于控制所有游戏功能的主程序，从模型控制到计算碰撞、物理系统和物体的相对位置，再到接受玩家的输入，以及按照正确的音量输出声音等都属于游戏引擎的功能范畴。

无论是 2D 游戏还是 3D 游戏，无论是角色扮演游戏、即时策略游戏、冒险解谜游戏还是动作射击游戏，哪怕是一个只有 1MB 的桌面小游戏，都有这样一段起控制作用的代码，我们可以笼统地将其称为引擎。或许在早期的像素游戏时代，一段简单的程序编码都可以被我们称之为引擎，但随着计算机游戏技术的发展，经过不断进化，如今的游戏引擎已经发展为一套由多个子系统共同构成的复杂系统。从建模、动画到光影、粒子特效，从物理系统、碰撞检测到文件管理、网络特性，还有专业的编辑工具和插件，几乎涵盖了开发过程中的所有重要环节，这一切所构成的集合系统才是我们今天真正意义上的游戏引擎。而一套完整、成熟的游戏引擎必须包含以下几方面的功能。

首先是光影效果，即场景中的光源对所有物体的影响方式。游戏的光影效果完全是由引擎控制的，折射、反射等基本的光学原理及动态光源、彩色光源等高级效果都是通过游戏引擎的不同编程技术实现的。

其次是动画。目前游戏所采用的动画系统可以分为两种：一种是骨骼动画系统，另一种是模型动画系统。前者用内置的骨骼带动物体产生运动，比较常见；后者则在模型的基础上直接进行变形。游戏引擎通过这两种动画系统的结合，让动画师为游戏中的对象制作更加丰富的动画效果。

游戏引擎的另一重要功能是提供物理系统，这可以使物体的运动遵循固定的规律。例如，当角色跳起的时候，系统内定的重力值将决定其能跳多高，以及其下落的速度有多快。另外，诸如子弹的飞行轨迹、车辆的颠簸方式等也都是由物理系统决定的。

碰撞探测是物理系统的核心部分，它可以探测游戏中各物体的物理边缘。当两个 3D 物体撞在一起时，这种技术可以防止它们相互穿过，这就确保了当角色撞在墙上的时候，不会穿墙而过，也不会把墙撞倒，因为碰撞探测会根据角色和墙之间的特性确定两者的位置和相互作用关系。

渲染是游戏引擎最重要的功能之一，当 3D 模型制作完毕后，游戏美术师会为模型添加材质和贴图，最后通过引擎渲染把模型、动画、光影、特效等所有效果实时计算出来并展示在屏幕上。在游戏引擎的所有部件当中，渲染模块是最复杂的，它的强大与否直接决定着最终游戏画面的质量（见图 3-9）。

图 3-9 游戏引擎拥有强大的即时渲染能力

游戏引擎还有一个重要的职责,即负责玩家与计算机之间的沟通,包括处理来自键盘、鼠标、摇杆和其他外设的输入信号。如果游戏支持联网特性,则网络代码也会被集成在引擎中,用于管理客户端与服务器端之间的通信。

时至今日,游戏引擎已从早期游戏开发的附属品变成了今日的中流砥柱,对于一款游戏来说,能实现什么样的效果,在很大程度上取决于所使用游戏引擎的能力。下面我们就来总结一下优秀的游戏引擎所具备的优点。

1. 完整的游戏功能

随着游戏要求的提高,现在的游戏引擎已经不再是一个简单的 3D 图形引擎,而是涵盖 3D 图形、音效处理、AI 运算、物理碰撞等游戏中的各个组件,所以齐全的各项功能和模块化的组件设计是游戏引擎所必需的。

2. 强大的编辑器和第三方插件

优秀的游戏引擎还要具备强大的编辑器,可以进行场景编辑、模型编辑、动画编辑、特效编辑等。编辑器的功能越强大,美工人员可发挥的余地就越大,做出的效果也就越多。而插件的存在,使得第三方软件如 3ds Max、Maya 等可以与游戏引擎对接,无缝实现模型的导入/导出。

3. 简洁有效的 SDK 接口

优秀的游戏引擎会把复杂的图像算法封装在模块内,对外提供的则是简洁有效的 SDK 接口(见图 3-10),有助于游戏开发人员迅速上手。这一点就像编程语言一样,越高级的语言越容易使用。

第 3 章　VR 游戏美术设计基础

图 3-10　简洁有效的 SDK 接口

4．其他辅助支持

优秀的游戏引擎还提供网络、数据库、脚本等功能，这一点对于面向网游的游戏引擎来说更为重要。网游要考虑服务器端的状况，要在保证优异画质的同时降低服务器端的极高压力。

以上 4 点对于今天大多数游戏引擎来说都已具备，当我们回顾过去的游戏引擎时便会发现，这些功能都是从无到有慢慢发展起来的，早期的游戏引擎在今天看来已经没有什么优势，但正是这些先行者推动了今日游戏制作的发展。

3.3　游戏引擎的发展史

3.3.1　游戏引擎的诞生

1992 年，美国 Apogee 软件公司代理发行了一款名叫"德军司令部"（Wolfenstein 3D）的射击游戏（见图 3-11），游戏的容量只有 2MB，以现在的眼光来看，这款游戏只能算是微型小游戏，但在当时，即使用"革命"这一极富煽动色彩的词语，也无法形容出它在整个电脑游戏发展史上占据的重要地位。稍有资历的玩家可能都还记得当初接触它时的兴奋心情，这款游戏开创了第一人称射击游戏的先河。更重要的是，它在由宽度 X 轴和高度 Y 轴构成的图像平面上增加了一个前后纵深的 Z 轴，这个 Z 轴正是三维游戏的核心与基础，它的出现标志着 3D 游戏时代的萌芽与到来。

图 3-11 "德军司令部"射击游戏

"德军司令部"射击游戏的核心程序代码，也就是我们今天所说的游戏引擎的作者正是如今大名鼎鼎的约翰·卡马克（John Carmack），他在世界游戏引擎发展史上的地位无可替代。1991 年，约翰·卡马克创办了 id Software 公司，正是凭借"德军司令部"的游戏引擎让这位当初名不见经传的程序员在游戏圈中站稳了脚跟，之后 id Software 公司凭借 Doom（毁灭战士）、Quake（雷神之锤）等系列游戏作品成为当今世界上著名的三维游戏研发公司，而约翰·卡马克也被奉为游戏编程大师（见图 3-12）。

图 3-12 id Software 公司创始人约翰·卡马克

随着"德军司令部"大获成功，id Software 公司于 1993 年发布了自主研发的第二款 3D 游戏——Doom。Doom 游戏引擎在技术上大大超越了"德军司令部"游戏引擎，"德军司令部"中的所有物体大小都是固定的，所有路径之间的角度都是直角，也就是说玩家只能笔直地前进或后退，而这些局限在 Doom 中都得到了突破，尽管游戏的关卡还维持在 2D 平面上进行制作，没有"楼上楼"的概念，但墙壁的厚度和路径之间的角度已经有了不同的变化，这使得楼梯、升降平台、塔楼和户外等各种场景成为可能。

虽然 Doom 游戏引擎在今天看来仍然缺乏细节，但开发者在当时条件下的设计表现却让人叹服。另外，更值得一提的是，Doom 游戏引擎是第一个被正式用于授权的游戏引擎。1993 年年底，Raven 公司采用改进后的 Doom 游戏引擎开发了一款名为 ShadowCaster（投影者）的游戏，这是世界游戏史上第一例成功的"嫁接手术"。1994 年，Raven 公司采用 Doom 游戏引擎开发了一款名为 Heretic（异教徒）的游戏，为引擎增加了飞行的特性，成为跳跃动作的前身。1995 年，Raven 公司采用 Doom 游戏引擎开发了一款名为 Hexen（毁灭巫师）的游戏，加入了新的音效技术、脚本技术及一种类似集线器的关卡设计，使玩家可以在不同关卡之间自由移动。Raven 公司与 id Software 公司之间的一系列合作，充分说明了游戏引擎的授权无论对于使用者还是开发者来说都大有裨益，只有把自己的游戏引擎交给更多的人去使用，才能使其不断成熟和发展起来。

3.3.2 引擎的发展

虽然在如今的游戏时代，游戏引擎可以用来进行各种类型的游戏的研发设计，但从世界游戏引擎发展史来看，游戏引擎却总是伴随着 FPS（第一人称射击）游戏的发展而进化的，无论是第一款游戏引擎的诞生，还是次世代引擎的出现，游戏引擎往往都是依托于 FPS 游戏作为载体展现在世人面前的，这已然成为游戏引擎发展的一条定律。

在游戏引擎的进化过程中，肯·西尔弗曼于 1994 年为 3D Realms 公司开发的 Build 引擎是一个重要的里程碑。Build 引擎的前身就是家喻户晓的 Duke Nukem 3D（毁灭公爵）。"毁灭公爵"已经具备了今天第一人称射击游戏的所有标准内容，如跳跃、360°环视及下蹲和游泳等特性。此外，还把"异教徒"中的飞行换成了喷气背包，甚至加入了角色缩小等令人耳目一新的内容。在 Build 引擎的基础上，先后诞生过 14 款游戏，如 Redneck Rampage（农夫也疯狂）、Shadow Warrior（阴影武士）和 Blood（血兆）等。另外，还有中国台湾艾生资讯开发的"七侠五义"，这是当时国内为数不多的几款 3D 游戏之一。Build 引擎的授权业务大约为 3D Realms 公司带来了 100 多万美元的额外收入，3D Realms 公司也由此成为引擎授权市场上最早的受益者。尽管如此，但总体来看，Build 引擎并没有为 3D 游戏引擎的发展带来实质性的变化，突破的任务最终由 id Software 公司开发的 Quake 完成了。

随着时代的变革和发展，游戏公司对于游戏引擎的重视程度日益提高，Quake 系列作为 3D 游戏史上伟大的游戏系列之一，其创造者——游戏编程大师约翰·卡马克对游戏引擎技术的发展做出了卓越的贡献。从 1996 年 Quake 问世到 Quake II，再到后来风靡世界的 Quake III（见图 3-13），每一次的更新换代都把游戏引擎技术推向了一个新的极致。在

Quake III 之后，约翰·卡马克将 Quake 的引擎源代码公开发布，将自己辛苦研发的引擎技术贡献给了全世界。虽然现在 Quake 引擎已经淹没在了浩瀚的历史长河中，但无数程序员都坦然承认约翰·卡马克的引擎源代码对于自己学习和成长的重要性。

图 3-13　从 Quake 到 Quake III 画面的发展

　　Quake 引擎是当时第一款完全支持多边形模型、动画和粒子特效的真正意义上的 3D 引擎，而不是像 Doom、Build 那样的 2.5D 引擎。此外，Quake 引擎还是多人连线游戏的开创者，尽管几年前的 Doom 也能通过调制解调器连线对战，但最终把网络游戏带入大众的视野之中的是 Quake，也是它促成了世界电子竞技产业的发展。

　　1997 年，id Software 公司推出 Quake II，一举确定了自己在 3D 引擎市场上的霸主地位。Quake II 采用了一套全新的引擎，可以更充分地利用 3D 加速和 OpenGL 技术，在图像和网络方面与 Quake 相比有了质的飞跃。Raven 公司的"异教徒 2"和"军事冒险家"、Ritual 公司的"原罪"、Xatrix 娱乐公司的"首脑：犯罪生涯"及离子风暴工作室的"安纳克朗诺克斯"，都采用了 Quake II 引擎。

　　在 Quake II 还在独霸市场的时候，一家后起之秀——Epic Games 公司携带着自己的 Unreal（虚幻）问世，尽管当时只是在 300px×200px 的分辨率下运行的这款游戏，但游戏中的许多特效即便在今天看来依然很出色：荡漾的水波、美丽的天空、庞大的关卡、逼真的火焰、烟雾和力场效果等。从单纯的画面效果来看，"虚幻"是当时当之无愧的佼佼者，其震撼力完全可以与人们第一次见到"德军司令部"时的感受相比。

　　谁都没有想到，这款用游戏名字命名的游戏引擎在日后的引擎大战中会发展成为一股强大的力量。Unreal 引擎在推出后的两年内就有 18 款游戏与 Epic Games 公司签订了许可协议，这还不包括 Epic Games 公司自己开发的"虚幻"资料片"重返纳帕利"、第三人称动作游戏 Rune（北欧神符）、角色扮演游戏 Deus Ex（杀出重围）及最终也没有上市的第一人称射击游戏 Duke Nukem Forever（永远的毁灭公爵）等。Unreal 引擎的应用范围不限于游戏制作，还涵盖教育、建筑等其他领域。例如，Digital Design 公司曾与联合国教科文组织的世界文化遗产分部合作，采用 Unreal 引擎制作过巴黎圣母院的内部虚拟演示系统；ZenTao 公司采用 Unreal 引擎为空手道选手制作过武术训练软件；另一家软件开发商 Vito Miliano 公司也采用 Unreal 引擎开发了一套名为"Unrealty"的建筑设计软件，用于房地产的演示。现如今 Unreal 引擎早已经从激烈的竞争中脱颖而出，成为当下主流的次世代游戏引擎。

3.3.3 游戏引擎的革命

在 Unreal 引擎诞生后，引擎在游戏图像技术上的发展出现了暂时的瓶颈，例如所有采用 Doom 引擎制作的游戏，无论是"异教徒"还是"毁灭战士"，都有着相似的内容，甚至连情节设定都如出一辙。玩家开始对端着枪跑来跑去的单调模式感到厌倦，因此开发者们不得不从其他方面寻求突破，由此掀起了 FPS 游戏的一个新高潮。

两部划时代的作品同时出现在 1998 年——Valve 公司的 Half-Life（半条命）和 LookingGlass 工作室的 Thief:The Dark Project（神偷：暗黑计划）（见图 3-14）。尽管此前的很多游戏也为引擎技术带来过许多新的特性，但没有哪款游戏能像"半条命"和"神偷：暗黑计划"那样，对后来的作品及引擎技术的进化造成如此深远的影响。曾获得无数大奖的"半条命"游戏采用的是 Quake 和 Quake II 引擎的混合体，Valve 公司在这两个引擎的基础上加入了两个很重要的特性：一是脚本序列技术，这一技术可以令游戏通过触动事件的方式让玩家真实地体验游戏情节的发展，这对于自诞生以来就很少注重情节的 FPS 游戏来说无疑是一次伟大的革命。二是对 AI（人工智能）引擎的改进，敌人的行动与以往相比有了更为复杂和智能化的变化，不再是单纯地扑向枪口。这两个特性赋予了"半条命"引擎鲜明的个性，在此基础上诞生的"要塞小分队"、"反恐精英"和"毁灭之日"等优秀作品又通过网络代码的加入令"半条命"引擎焕发出了更为夺目的光芒。

在人工智能方面真正取得突破的游戏是 Looking Glass 工作室的"神偷：暗黑计划"。游戏的故事发生在中世纪，玩家扮演一名盗贼，任务是进入不同的场所，在尽量不引起别人注意的情况下窃取物品。"神偷：暗黑计划"采用的是 Looking Glass 工作室自行开发的 Dark 引擎。虽然 Dark 引擎在图像技术方面比不上 Quake II 或 Unreal，但在人工智能方面，其水准却远远高于这两者。游戏中的敌人懂得根据声音辨认玩家的方位，能够分辨出不同地面上的脚步声，在不同的光照环境下有不同的判断，发现同伴的尸体后会进入警戒状态，还会针对玩家的行动做出各种合理的反应，玩家必须躲在暗处不被敌人发现才有可能完成任务，这在以往那些纯粹的杀戮射击游戏中是根本见不到的。遗憾的是，由于 Looking Glass 工作室的过早倒闭，Dark 引擎未能发扬光大，除"神偷：暗黑计划"外，采用这一引擎的只有"神偷 2：金属时代"和"系统震撼 2"等少数几款游戏。

图 3-14　"半条命"和"神偷：暗黑计划"的游戏画面

受"半条命"和"神偷：暗黑计划"两款游戏的启发，越来越多的开发者开始把注意力从单纯的视觉效果转向更具变化的游戏内容，其中比较值得一提的是离子风暴工作室出品的"杀出重围"。"杀出重围"采用的是 Unreal 引擎，尽管画面效果十分出众，但在人工智能方面却无法达到"神偷"系列的水准，游戏中的敌人更多的是依靠预先设定的脚本做出反应。即便如此，视觉图像的品质也能抵消人工智能方面的缺陷，而真正帮助"杀出重围"在众多射击游戏中脱颖而出的是其独特的游戏风格。游戏含有浓重的角色扮演成分，人物可以积累经验、提高技能，还有丰富的对话和曲折的情节。同"半条命"一样，"杀出重围"的成功说明了叙事对第一人称射击游戏的重要性，能否更好地支持游戏的叙事能力成为衡量引擎的一个新标准。

从 2000 年开始，3D 引擎朝着两个不同的方向分化：一是像"半条命"、"神偷：暗黑计划"和"杀出重围"那样，通过融入更多的叙事成分、角色扮演成分及加强人工智能来提高游戏的可玩性；二是朝着纯粹的网络模式发展。在这一方面，id Software 公司再次走到了整个行业的最前沿，在 Quake II 出色的图像引擎基础上加入更多的网络互动方式，推出了一款完全没有单人过关模式的网络游戏——Quake III Arena（雷神之锤 3 竞技场），它与 Epic Games 公司之后推出的 Unreal Tournament（虚幻竞技场）（见图 3-15）一同成为引擎发展史上的一个新的转折点。

Epic Games 公司的"虚幻竞技场"虽然比"雷神之锤 3 竞技场"落后了一步，但其实仔细比较就会发现，其表现要略胜一筹。从画面方面看两者几乎相等，但在联网模式上，"虚幻竞技场"不仅提供有死亡竞赛模式，还提供有团队合作等多种网络对战模式，而且 Unreal 引擎不仅可以应用在动作射击游戏中，还可以为大型多人游戏、即时策略游戏和角色扮演游戏提供强有力的 3D 支持。Unreal 引擎在许可业务方面的表现也超过了 Quake III，迄今为止采用 Unreal 引擎制作的游戏大约已经有上百款，其中包括"星际迷航深度空间九：坠落"、"新传说"和"塞拉菲姆"等。

图 3-15 "虚幻竞技场"游戏画面

在 1998 年到 2000 年期间，迅速崛起的另一款引擎是 Monolith 公司的 LithTech 引擎（见图 3-16）。这款引擎最初是用在机甲射击游戏 Shogo（升刚）上的，其开发花了整整 5 年时间，耗资 700 万美元。1998 年，LithTech 引擎的第一个版本推出之后，立即引起了业界的注意，为当时处于白热化状态下的 Quake II VS Unreal 之争泼了一盆冷水。采用 LithTech 第一代引擎制作的游戏包括"血兆 2"和 Sanity（清醒）等。

图 3-16 LithTech 引擎 Logo

2000 年，LithTech 引擎的 2.0 版本和 2.5 版本加入了骨骼动画和高级地形系统，给人留下深刻印象的 No One Lives Forever（无人永生）及 Global Operations（全球行动）采用的就是 LithTech 2.5 引擎，此时的 LithTech 已经从一名有益的补充者变成了一款同 Quake III 和 Unreal Tournament 平起平坐的引擎。之后 LithTech 引擎的 3.0 版本发布，并且衍生出了"木星"（Jupiter）、"鹰爪"（Talon）、"深蓝"（Cobalt）和"探索"（Discovery）四大系统。其中，"鹰爪"被用于开发 Alien Vs. Predator 2（异形大战掠夺者 2），"木星"将被用于"无人永生 2"的开发，"深蓝"被用于开发 PS2 版"无人永生"。曾有业内人士评价，采用 LithTech 引擎开发的游戏，无一例外都是 3D 类游戏的顶尖之作。

作为游戏引擎发展史上的一匹黑马，德国的 Crytek Studios 公司当之无愧，其仅凭借一款"孤岛危机"游戏，就在当年的 E3 大展上惊艳四座，Cry 引擎强大的物理模拟效果和自然景观技术足以和当时最优秀的游戏引擎相媲美（见图 3-17）。Cry 引擎具有许多绘图、物理和动画技术及游戏部分的加强，其中包括体积云、即时动态光影、场景光线吸收、3D 海洋技术、场景深度、物体真实动态半影、真实的脸部动画、半透明物体的光线散射、可破坏的建筑物、可破坏的树木等。进阶的物理效果让树木对于风、雨和玩家的动作能有更真实的反应，同时还包括进阶的粒子系统，例如火和雨会被外力所影响从而改变方向，光芒特效可以产生水底的折射效果等。

图 3-17　Cry 引擎创造的逼真自然景观

对比来看，似乎 Crytek Studios 与 Epic Games 公司有着很多共同点，即都因为一款游戏获得世界瞩目，都用游戏名字命名了游戏引擎，也同样都在日后的发展中由单纯的电脑游戏制作公司转型为专业的游戏引擎研发公司。我们很难去评论这样的发展之路是否是通向成功的唯一途径，但我们都能看到的却是游戏引擎技术在当今电脑游戏领域中无可替代的核心作用，过去单纯依靠程序、美工的时代已经结束，以游戏引擎为中心的集体合作时代已经到来。

3.4　Unity 引擎介绍

Unity 引擎最初是由 Unity Technologies 公司开发的综合性专业游戏引擎，是可以让用户轻松创建诸如三维游戏、建筑可视化、实时渲染动画等类型互动内容的多平台开发工具。2004 年，Unity Technologies 公司诞生于丹麦，2005 年公司总部设在了美国的旧金山，并发布了 Unity 1.0 版本。起初它只能应用于 Mac 平台，主要针对 Web

项目的开发，这时的 Unity 引擎并不起眼，直到 2008 年推出 Windows 版本，并开始支持 iOS 和 Wii，其才逐步从众多的游戏引擎中脱颖而出，并顺应移动游戏的潮流而变得流行起来。

随着智能手机在世界范围的普及，手机游戏成为网络游戏之后游戏领域另一个发展的主流趋势，过去手机平台上利用 Java 语言开发的平面像素游戏已经不能满足人们的需要，手机玩家需要获得与 PC 平台同样的游戏视觉画面，就这样 3D 类手机游戏应运而生。

虽然像 Unreal 这类大型 3D 游戏引擎也可以用于 3D 手机游戏的开发，但从工作流程、资源配置、发布平台来看，大型 3D 游戏引擎操作复杂、工作流程烦琐、需要硬件支持高，本身的优势在手游平台上反而成了弱势。由于手机游戏容量小、流程短、操作性强、单机化等特点，决定了手游 3D 引擎在保证视觉画面的同时要尽可能对引擎自身和软件操作流程进行简化，最终这一目标被 Unity Technologies 公司所研发的 Unity 引擎所实现。

Unity 引擎具备所有大型 3D 游戏引擎的基本功能，如高质量渲染系统、高级光照系统、粒子系统、动画系统、地形编辑系统、UI 系统、物理引擎等，而且整体的视觉效果也不亚于现在市面上的主流大型 3D 游戏引擎。在此基础上，Unity 引擎最大的优势在于多平台的发布支持和低廉的软件授权费用。Unity 引擎不仅支持苹果 iOS 和安卓平台的发布，同时也支持 PC、Mac、PS、Wii、Xbox 等平台的发布。Unity 引擎界面如图 3-18 所示。

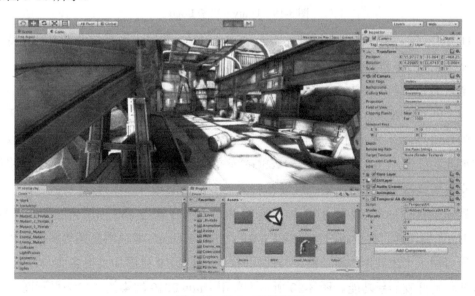

图 3-18　Unity 引擎界面

除授权版本外，Unity 还提供免费版本，虽然简化了一些功能，但却为开发者提供了 Union 和 Asset Store 销售平台。任何游戏制作者都可以把自己的作品放到 Union 商城上进行销售，而专业版的授权费用也足以让个人开发者承担得起，这对于很多独立游戏制作者来说无疑是最大的实惠。Unity 引擎的这些优势让不少单机游戏厂商也选择用其来开发游戏产品。

Unity 引擎在手游研发市场上所占的份额已经超过 50%，其在目前的游戏制作领域中除用于手机游戏的研发外，还用于网页游戏的制作，甚至许多大型单机游戏也逐渐开始购买 Unity 引擎的授权。虽然今天的 Unity 引擎还无法跟 Unreal、Cry、Gamebryo 等知名引擎平起平坐，但我们可以肯定 Unity 引擎的巨大潜力。

利用 Unity 引擎开发的手机游戏和网页游戏代表作品有："神庙逃亡 2""武士 2 复仇""极限摩托车 2""王者之剑""绝命武装""AVP：革命""坦克英雄""新仙剑 OL""绝代双骄""天神传""梦幻国度 2"等。

经过多年的积淀，Unity 开发商决定加入次世代引擎的竞争当中。2015 年 3 月，在备受瞩目的 GDC 2015 游戏开发者大会上，Unity Technologies 正式发布了次世代多平台引擎开发工具 Unity 5（见图 3-19）。

图 3-19　Unity 5 引擎 Logo

Unity 5 包含大量新内容，例如整合了 Enlighten 即时光源系统及带有物理特性的 Shader，未来的作品将能呈现令人惊艳的高品质角色、环境、照明和效果。另外，由于采用全新的整合着色架构，可以即时从编辑器中预览光照贴图，提升 Asset 打包效率。还有一个针对音效设计师所开发的全新音源混音系统，可以让开发者创造动态音乐和音效。在 Unity 5 版本发布时，整合 Unity Cloud 广告互享网络服务，让手机游戏可以交互推广彼此的广告。Unity 5 还将整合 WebGL 发布，这样未来发布到网页上的项目将不再需要安装播放器插件，为原本已经非常强大的多平台发布再添优势。

目前最新的 Unity 版本为 2019，Unity 2019 加入了超过 283 项新功能和改进内容，包括 Burst 编译器、轻量级渲染管线 LWRP、Shader Graph 着色器视图等多项脱离了预览阶段可用于正式制作的新功能。与此同时，Unity 2019 也添加了很多面向 VR、AR、动画和移动开发的新功能。图 3-20 所示为使用 Unity 2019 渲染的游戏场景画面。

图 3-20　使用 Unity 2019 渲染的游戏场景画面

第4章

3ds Max 游戏建模和贴图

4.1 3ds Max 软件安装与基础操作

我们可以通过登录 Autodesk 的官方网站下载 3ds Max 的最新版安装程序，新版下载软件可以免费试用 30 天。随着微软 Windows 64 位操作系统的普及，3ds Max 软件从 9.0 版开始分为 32 位和 64 位两种软件版本，用户可以根据自己的计算机硬件配置和操作系统来自行选择安装适合的版本。

与其他图形设计类软件一样，3ds Max 软件的安装程序也采用了人性化、便捷化的流程，整体的安装步骤和方法十分简单。下面我们以 3ds Max 2019 为例来了解一下软件的安装过程。单击 3ds Max 软件安装程序的图标，启动并运行安装程序界面。在弹出的界面窗口中包含软件语言的选择、安装、安装工具和实用程序等按钮。单击"安装"按钮，开始软件的安装（见图 4-1）。

与其他软件的安装一样，接下来会弹出"许可及服务协议"的阅读文档界面，选中"我接受"单选按钮并单击"Next"按钮继续软件的安装（见图 4-2）。

第 4 章　3ds Max 游戏建模和贴图

图 4-1　3ds Max 软件安装启动界面

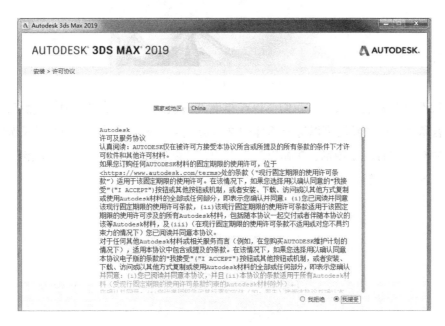

图 4-2　许可及服务协议界面

下一步将弹出产品信息页面，在这里选择我们购买产品的注册认证类型，包括 Stand Alone（单机版）及 Network（联机版），对于个人计算机通常选择单机版。接下来是产品信息的注册，需要填写正版软件产品的序列号（Serial Number）及产品密钥（Key）。如果还没有购买正版软件，则可以选择免费试用。

在接下来的界面中，我们将选择设置软件的安装路径及 3ds Max 附带的各种类型的材质库，在默认状态下将全部安装，也可以自行选择安装（见图4-3）。然后单击"安装"按钮，正式激活软件的安装过程。

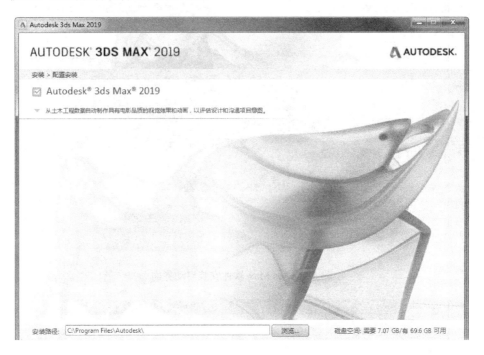

图4-3　配置安装界面

等软件全部安装完成后，我们可以在桌面的安装目录里找到3ds Max，然后选择相应的语言版本，这里我们可以选择简体中文或英文（见图4-4）。如果购买了正版软件，则还需要对其进行注册激活。在弹出的界面中，可以选择免费试用或正版激活，这里我们单击"激活"按钮。

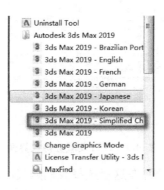

图4-4　选择软件语言版本

在接下来的界面中勾选"我已阅读Autodesk隐私保护政策……"复选框并单击"继续"按钮（见图4-5）。

第 4 章　3ds Max 游戏建模和贴图

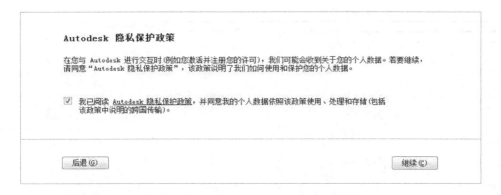

图 4-5　Autodesk 隐私保护政策界面

接下来将弹出 3ds Max 软件正版注册及激活页面，如果安装的是正版软件，则由于之前我们已经输入了产品序列号及密钥，所以可以直接选择"立即连接并激活！"，也可以在下方输入 Autodesk 提供的激活码来激活软件（见图 4-6）。完成以上流程后，就正式完成了软件所有的安装步骤，接下来就可以运行 3ds Max 软件并进行各种设计和制作工作了。

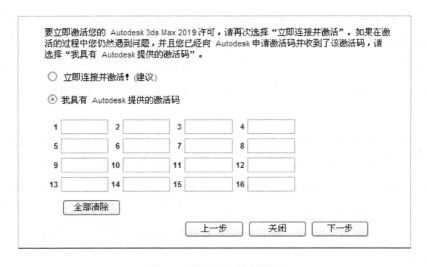

图 4-6　产品许可激活页面

启动软件后，展开的窗口就是 3ds Max 的主界面。3ds Max 的主界面从整体来看主要分为：菜单栏、快捷按钮区、快捷工具菜单、工具命令面板区、动画与视图操作区及视图区六大部分（见图 4-7）。

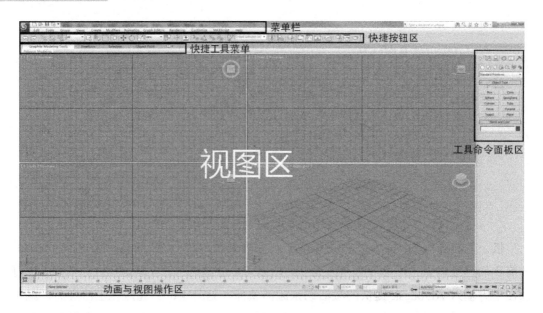

图 4-7 3ds Max 的主界面

其中,快捷工具菜单也叫"石墨"工具栏,是在 3ds Max 2010 版本加入的。在 3ds Max 2010 版本发布的时候,Autodesk 公司同时宣布启动一项名为"Excalibur"的全新发展计划,简称"XBR 神剑计划"。这是 Autodesk 对于 3ds Max 软件的一项全新的发展重建计划,主要针对 3ds Max 的整体软件内核效能、UI 交互界面及软件工作流程等进行重大改进与变革。计划通过 3 个阶段来实施完成,而 3ds Max 2010 就是第一阶段的开始。

在 3ds Max 2010 版本以后,软件在建模、材质、动画、场景管理及渲染方面较之前都有了大幅度的变化和提升。其中,窗口及 UI 交互界面较之前的软件版本变化很大,但大多数功能对于三维游戏场景建模来说并不是十分必要的功能,而基本的多边形编辑功能并没有很大的变化,只是在界面和操作方式上做了一定的改动。所以,在软件版本的选择上并不一定要用新版本,而是要综合考虑个人计算机的配置,实现性能和稳定性的良好协调。

对于三维游戏场景美术制作来说,主界面中最为常用的是快捷按钮区、工具命令面板区及视图区。菜单栏虽然包含众多命令,但在实际建模操作中用到的很少,菜单栏中常用的几个命令也基本包括在快捷按钮区中,只有 File(文件)和 Group(组)菜单比较常用。

视图区作为 3ds Max 软件中的可视化操作窗口,是三维制作中最主要的工作区域,熟练掌握 3ds Max 视图操作是日后游戏三维美术设计制作最基础的能力,而操作的熟练程度也直接影响着项目的工作效率和进度。

在 3ds Max 软件界面的右下角是视图操作按钮,按钮不多却几乎涵盖了所有的视图基本操作,但其实在实际制作当中这些按钮的实用性并不大,因为如果仅靠按钮来完成视图操作,那么整体制作效率将大大降低。在实际三维设计和制作中,更多的是用每个按钮相应的快捷键来代替单击按钮操作,熟练运用快捷键来操作 3ds Max 软件也是三维游戏美术师的基本标准之一。

3ds Max 视图操作从宏观上来概括主要包括视图选择与快速切换、单视图窗口的基本操作及视图中右键菜单的操作,下面针对这几个方面做详细讲解。

1. 视图选择与快速切换

在 3ds Max 软件中,视图默认的经典模式是"四视图",即顶视图、正视图、侧视图和透视图。但这种四视图模式并不是唯一、不可变的,单击视图左上角的"+"按钮,在弹出的菜单中选择"Configuration Viewports"选项,会出现视图设置窗口,在"Layout"(布局)选项卡中可以针对自己喜欢的视图样式进行选择(见图 4-8)。

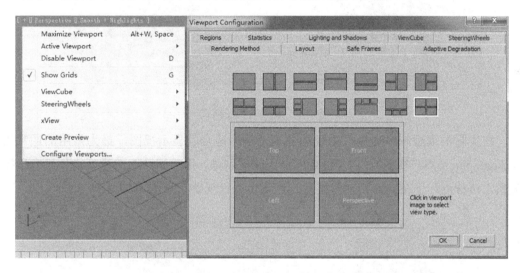

图 4-8 视图布局设置

在游戏场景制作中,最为常用的多视图模式还是经典四视图模式,因为在这种模式下不仅能显示透视或用户视图窗口,还能显示 Top、Front、Left 等不同视角的视图窗口,让模型的操作更加便捷、精确。在选定好的多视图模式中,把鼠标移动到视图框体边缘可以自由拖动调整各视图的大小,如果想要恢复原来的设置,则只需要把鼠标移动到所有分视图框体交接处,在出现移动符号后,用鼠标右键单击 Reset Layout(重置布局)即可。

下面简单介绍一下不同的视图角度。在经典四视图模式中,Top 视图是指从模型顶部正上方俯视的视角,也称为顶视图;Front 视图是指从模型正前方观察的视角,也称为正视图;Left 视图是指从模型正侧面观察的视角,也称为侧视图;Perspcctive 视图也就是透视图，是以透视角度来观察模型的视角（见图4-9）。除此以外，常见的视图还包括Bottom（底视图）、Back（背视图）、Right（右视图）等，分别是顶视图、正视图和侧视图的反向视图。

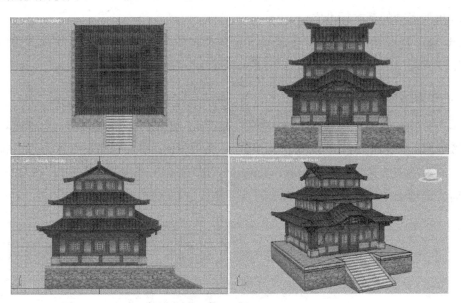

图4-9 经典四视图模式

在实际的模型制作当中，透视图并不是最为适合的显示视图，最为常用的通常为Orthographic（用户视图）。它与透视图最大的区别是，用户视图中的模型物体没有透视关系，这样更利于在编辑和制作模型时对物体进行观察（见图4-10）。

图4-10 透视图与用户视图的对比

在视图左上角"+"号右侧有两个选项，用鼠标单击可以显示菜单选项，如图4-11所示。在图4-11中，左侧的菜单是视图模式菜单，主要用来设置当前视图窗口的模式，包括摄像机视图、透视图、用户视图、顶视图、底视图、正视图、背视图、左视图、右视图等，分别对应的快捷键为【C】、【P】、【U】、【T】、【B】、【F】、无、【L】、无。在选中的当前视图下或单视图模式下，都可以直接通过快捷键来快速切换不同角度的视图。多视图和单视图切换的默认快捷键为【Alt+W】。当然，所有的快捷键都是可以设置的，笔者更愿意把这个快捷键设定为空格键。

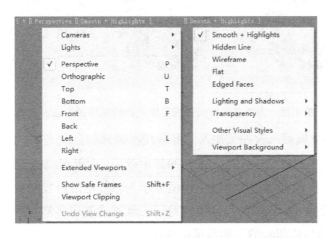

图 4-11　视图模式菜单和视图显示模式菜单

在多视图模式下，要想选择不同角度的视图，则只需要单击相应视图即可，被选中的视图周围会出现黄色边框。这里涉及一个实用技巧：在复杂的包含众多模型的场景文件中，如果当前选择了一个模型物体，而同时想要切换视图角度，那么这时如果直接单击其他视图，则在视图被选中的同时也会丢失对模型的选择。如何避免这个问题？其实很简单，只需要用鼠标右键单击想要选择的视图即可，这样既不会丢失模型的选择状态，同时还能激活想要切换的视图窗口，这是在实际软件操作中经常用到的一个技巧。

图 4-11 中右侧的菜单是视图显示模式菜单，主要用来切换当前视图模型物体的显示模式，包括 5 种显示模式：光滑高光模式（Smooth＋Highlights）、屏蔽线框模式（Hidden Line）、线框模式（Wireframe）、自发光模式（Flat）及线面模式（Edged Faces）。

光滑高光模式是模型物体的默认标准显示方式，在这种模式下模型受 3ds Max 场景中内置灯光的光影影响；在光滑高光模式下可以同步激活线面模式，这样可以同时显示模型的线框；线框模式就是隐藏模型实体，只显示模型线框的显示模式。不同模式可以通过快捷键来进行切换，【F3】键可以切换到线框模式，【F4】键可以激活线面模式。通过合理的显示模式的切换与选择，可以更加方便地进行模型的制作。图 4-12 所示分别为光滑高光模式、线面模式和线框模式的显示方式。

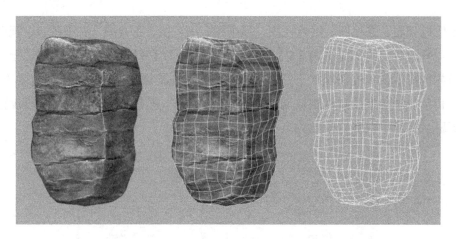

图 4-12 光滑高光模式、线面模式和线框模式的显示方式

在 3ds Max 9.0 以后，软件又加入了屏蔽线框模式和自发光模式，这是两种特殊的显示模式。自发光模式类似于模型自发光的显示效果，而屏蔽线框模式类似于叠加了线框的自发光模式，在没有贴图的情况下模型显示为带线框的自发光灰色，添加贴图后同时显示贴图和模型线框。这两种显示模式对于三维游戏制作非常有用，尤其是屏蔽线框模式，可以极大地提高即时渲染和显示的速度。

2. 单视图窗口的基本操作

单视图窗口的基本操作主要包括视图焦距推拉、视图角度转变、视图平移操作等。视图焦距推拉主要用于视图整体操作与精确操作、宏观操作与微观操作的转变。视图推进可以进行更加精细的模型调整和制作；视图拉出可以对整体模型场景进行整体调整和操作，快捷键为【Ctrl+Alt+鼠标中键点击拖动】。在实际操作中，更为快捷的操作方式是通过鼠标滚轮来实现，滚轮向前滚动为视图推进，滚轮向后滚动为视图拉出。

视图角度转变主要用于模型制作时进行不同角度的视图旋转，方便从各个角度和方位对模型进行操作。具体操作方法为：同时按住键盘上的【Alt】键与鼠标中键，然后滑动鼠标进行不同方向的转动操作。在 3ds Max 主界面中，通过右下角的视图操作按钮还可以设置不同轴向基点的旋转，最为常用的是 Arc Rotate Subobject，即以选中物体为旋转轴向基点进行视图旋转。

视图平移操作方便在视图中进行不同模型间的查看与选择，按住鼠标中键就可以进行上、下、左、右不同方位的平移操作。在 3ds Max 主界面右下角的视图操作按钮区域，按住"Pan View"按钮可以切换为 Walk Through（穿行模式），这是 3ds Max 8.0 以后增加的功能，该功能对于游戏制作尤其是三维游戏场景制作十分有用。将制作好的三维游戏场景切换到透视图，然后通过穿行模式可以以第一人称视角的方式身临其境地感受游戏场景的整体氛围，从而进一步发现场景制作中存在的问题，方便之后的修改。在切换为穿行模式后，鼠标指针会变为圆形目标符号，通过【W】和【S】键可以控制前后移动，【A】和【D】键控制左右移动，【E】和【C】键控制上下移动，转动鼠标可以查看周围场景，通过【Q】键可以切换行动速度快慢。

这里还要介绍一个小技巧：在一个大型复杂的场景制作文件中，当我们选定一个模型后进行视图平移操作，或者通过模型选择列表选择了一个模型物体，想快速将所选的模型物体归位到视图中央时，可以通过一个操作来实现视图中模型物体的快速归位，即按快捷键【Z】。无论当前视图窗口与所选的模型物体处于怎样的位置关系，只要按键盘上的【Z】键，都可以让被选模型物体在第一时间迅速移动到当前视图窗口的中间位置。如果当前视图窗口中没有被选择的物体，则按【Z】键会将整个场景中的所有物体作为整体显示在视图窗口的中间位置。

在3ds Max 2009版本后，软件加入了一个有趣的新工具——ViewCube（视图盒），这是一个显示在视图右上角的工具图标，它以三维立方体的形式显示，并可以进行各种角度的旋转操作（见图4-13）。盒子的不同面代表了不同的视图模式，通过单击可以快速切换各种角度的视图，单击盒子左上角的房屋图标可以将视图重置到透视图坐标原点的位置。

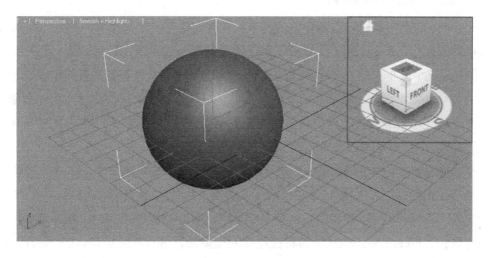

图4-13　ViewCube

另外，在进行单视图和多视图切换时，特别是切换到用户视图后，再切换回透视图时，经常会发现视野角度发生了改变。这里的视野角度是可以设定的，单击视图左上角的"+"按钮，在弹出的菜单中选择"Configuration Viewports"选项，会出现视图设置窗口，在"Rendering Method"选项卡页面右下角可以用具体数值来设定视野角度，通常默认的标准角度为45°（见图4-14）。

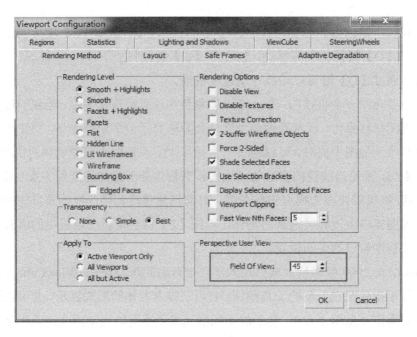

图 4-14　视野角度的设定

3．视图中右键菜单的操作

3ds Max 的视图操作除上面介绍的基本操作外，还有一个很重要的部分，即视图中右键菜单的操作。在 3ds Max 视图中任意位置用鼠标右键单击，都会出现一个灰色的多命令菜单，这个菜单中的许多命令设置对于三维模型的制作也有着重要的作用。这个菜单中的命令通常都是针对被选择的物体对象的，如果场景中没有被选择的物体对象，则这些命令将无法独立执行。这个菜单包括上下两大部分：Display（显示）和 Transform（变形），下面针对这两部分中的重要命令进行详细讲解。

在 Display 菜单中，最重要的是"冻结"和"隐藏"这两组命令，这是游戏场景制作中经常使用的命令，如图 4-15 左图所示。所谓"冻结"，就是将 3ds Max 中的模型物体锁定为不可操作状态，被冻结后的模型物体仍然显示在视图窗口中，但却无法对其进行任何操作。Freeze Selection 是指将被选择的模型物体进行冻结操作。Unfreeze All 是指将所有被冻结的模型物体取消冻结状态。

通常被冻结的模型物体都会变为灰色并且会隐藏贴图显示，由于灰色与视图背景色相同，因此经常会造成制作上的不便。这里其实是可以设置的，在 3ds Max 主界面右侧 Display（显示）面板下的 Display Properties（显示属性）中有一个选项"Show Frozen in Gray"，只需要取消勾选该选项，就可以避免被冻结的模型物体变为灰色状态（见图 4-15 右图）。

第 4 章 3ds Max 游戏建模和贴图

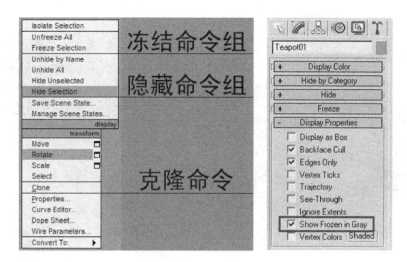

图 4-15 视图右键菜单与取消冻结灰色状态的设置

所谓"隐藏",就是让 3ds Max 中的模型物体在视图窗口中处于暂时消失、不可见的状态,"隐藏"不等于"删除",被隐藏的模型物体只是处于不可见状态,但并没有从场景文件中消失,在执行相关操作后可以取消其隐藏状态。隐藏命令在游戏场景制作中是最常用的命令之一,因为在复杂的三维模型场景文件当中,在制作某个模型时经常会被其他模型阻挡视线,尤其是包含众多模型物体的大型场景文件,而隐藏命令恰恰避免了这些问题,让模型制作变得更加方便。

Hide Selection 是指将被选择的模型物体进行隐藏操作;Hide Unselected 是指将被选择模型以外的所有物体进行隐藏操作;Unhide All 是指将场景中的所有模型物体取消隐藏状态;Unhide by Name 是指通过模型名称选择列表将模型物体取消隐藏状态。

这里还要介绍一个小技巧:在场景制作中,如果有其他模型物体阻挡了操作视线,则除刚刚介绍的隐藏命令外,还有一种方法能避免此种情况,即选中阻挡视线的模型物体,按快捷键【Alt+X】,则被选中的模型就会变为半透明状态,这样不仅不会影响模型的制作,还能观察到前后模型之间的关系(见图 4-16)。

在 Transform 菜单中,除包括移动、旋转、缩放、选择、克隆等基本的模型操作外,还包括物体属性、曲线编辑、动画编辑、关联设置、塌陷等一些高级命令设置。模型物体的移动、旋转、缩放、选择前面都已经讲解过,这里着重了解一下克隆(Clone)命令。所谓"克隆",就是指将一个模型物体复制为多个个体的过程,快捷键为【Ctrl+V】。对被选择的模型物体单纯地执行"Clone"命令或按【Ctrl+V】快捷键,是将该模型进行原地克隆操作;而选择模型物体后按住【Shift】键并用鼠标移动、选择、缩放该模型,则是将该模型进行等单位的克隆操作,在拖动鼠标并松开鼠标左键后会弹出克隆设置对话框(见图 4-17)。

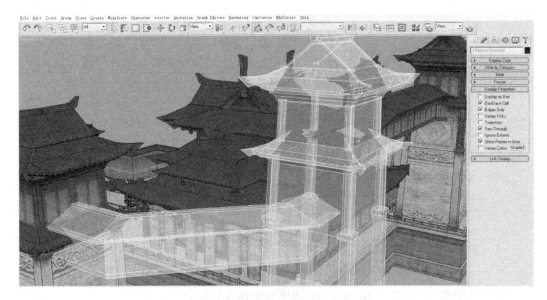

图 4-16　将模型以半透明状态显示

图 4-17　克隆设置对话框

克隆后的对象物体与被克隆物体之间存在 3 种关系：Copy（复制）、Instance（实例）和 Reference（参考）。Copy 是指克隆物体和被克隆物体间没有任何关联关系，改变其中任何一方对另一方都没有影响；Instance 是指执行克隆操作后，改变克隆物体的设置参数，被克隆物体也随之改变，反之亦然；Reference 是指执行克隆操作后，通过改变被克隆物体的设置参数可以影响克隆物体，反之则不成立。这 3 种关系是 3ds Max 中模型之间常见的基本关系，在很多命令设置或窗口中经常能看到。在克隆设置对话框下方的 "Name" 文本框中可以输入克隆的序列名称。图 4-18 所示的场景中的大量帐篷模型就是通过复制实现的，这样可以节省大量的制作时间，提高工作效率。

图 4-18 利用克隆命令制作的场景

4.2 3ds Max 模型的创建与编辑

建模是 3ds Max 软件的基础和核心功能,三维制作的各种工作任务都是在所创建模型的基础上完成的。无论是在传统制作领域还是在 VR 制作领域,要想完成最终作品,首先要解决的就是建模问题。三维游戏美术设计师每天最主要的工作内容就是与模型打交道,无论多么宏大壮观的场景,都是一砖一瓦从基础的模型搭建开始的,所以,走向三维游戏美术设计师之路的第一步就是建模。3ds Max 的建模技术博大精深、内容繁杂,这里我们没有必要面面俱到,而是有选择性地着重讲解与游戏制作相关的建模知识,从基本操作入手,循序渐进地学习三维游戏模型的制作。

4.2.1 几何体模型的创建

在 3ds Max 主界面右侧的工具命令面板区中,Create(创建)面板中第一项 Geometry 就是主要用来创建几何体模型的命令面板,其下拉菜单中的第一项 Standard Primitives 用来创建基础几何体模型。3ds Max 所能创建的 10 种基础几何体模型包括 Box(立方体)、Cone(圆锥体)、Sphere(球体)、Geosphere(三角面球体)、Cylinder(圆柱体)、Tube(管状体)、Torus(圆环体)、Pyramid(角锥体)、Teapot(茶壶)、Plane(平面),如图 4-19 所示。

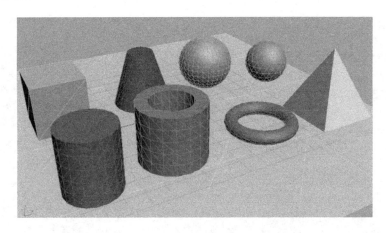

图 4-19　3ds Max 创建的基础几何体模型

单击想要创建的几何体模型，在视图中用鼠标拖曳就可以完成模型的创建，在拖曳过程中单击鼠标右键可以随时取消创建。创建完成后切换到工具命令面板区的 Modify（修改）面板，可以对创建的几何体模型进行参数设置，包括长度、宽度、高度、半径、角度、分段数等。在修改面板和创建面板中都能对几何体模型的名称进行修改，名称后面的色块用来设置几何体的边框颜色。

在 Geometry 面板下拉菜单中，第二项是 Extended Primitives，用来创建扩展几何体模型。扩展几何体模型的结构相对复杂，可调参数也更多，如图 4-20 所示。其实在大多数情况下扩展几何体模型使用的机会比较少，因为这些模型都可以通过对基础几何体模型进行多边形编辑而得到。这里只介绍几个常用的扩展几何体模型：ChamferBox（倒角立方体）、ChamferCylinder（倒角圆柱体）、L-Ext 和 C-Ext，尤其是 L-Ext 和 C-Ext，对于场景建筑模型的墙体制作来说十分快捷、方便，可以在短时间内创建出各种不同形态的墙体模型。

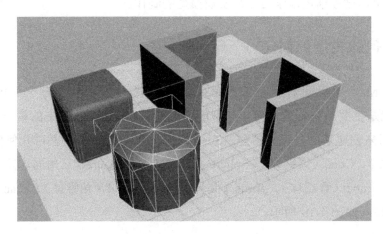

图 4-20　常用的扩展几何体模型

另外，这里还要特别介绍一组模型，即 Geometry 面板下拉菜单中的最后一项——Stair（楼梯）。在 Stair 面板中能够创建 4 种不同形态的楼梯结构模型，分别为 L Type Stair（L 形楼梯）、Spiral Stair（螺旋楼梯）、Straight Stair（直楼梯）及 U Type Stair（U 形楼梯），这些模型对于三维游戏场景中阶梯的制作有很大的帮助（见图 4-21）。

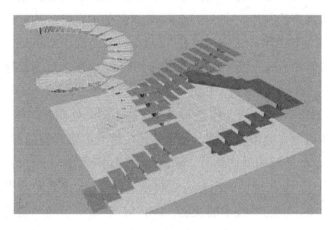

图 4-21　各种楼梯结构模型

与几何体模型的创建相同，选择相应的楼梯类型，用鼠标在视图窗口中拖曳，就可创建出楼梯模型。然后在修改面板中可以对其高矮、宽窄、楼梯步幅、楼梯阶数等参数进行详细设置和修改，这些参数设置只要经过简单尝试便可掌握。这里着重介绍一下楼梯参数中 Type（类型）参数的设置，在 Type 面板中有 3 种模式可以选择，分别为 Open（开放式）、Closed（闭合式）和 Box（盒式）。同一种楼梯结构模型通过不同类型的设置又可以变化为 3 种不同的形态。在游戏场景制作中，最为常用的类型是 Box 模式，在这种模式下通过多边形编辑可以制作出游戏场景需要的各种基础阶梯结构。图 4-22 所示为 Open、Closed 和 Box 3 种不同类型的楼梯结构。

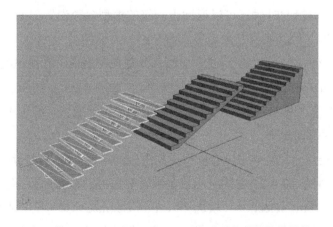

图 4-22　Open、Closed 和 Box 3 种不同类型的楼梯结构

4.2.2 多边形模型的编辑

对于真正的模型制作来说，在 3ds Max 中创建基础几何体模型仅仅是第一步，不同形态的基础几何体模型为模型制作提供了一个良好的基础，之后要通过模型的多边形编辑才能完成对模型最终的制作。在 3ds Max 6.0 以前的版本中，几何体模型的编辑主要靠 Edit Mesh（编辑网格）命令来完成；在 3ds Max 6.0 之后，Autodesk 公司研发出了更加强大的多边形编辑命令——Edit Poly（编辑多边形），并在之后的软件版本中不断增强和完善该命令，到 3ds Max 8.0 时，Edit Poly 命令已经十分完善。

Edit Mesh 与 Edit Poly 这两个模型编辑命令的不同之处在于，使用 Edit Mesh 命令编辑模型时以三角形面作为编辑基础，模型物体的所有编辑面最后都转化为三角形面；而使用 Edit Poly 命令处理模型物体时，编辑面以四边形面作为编辑基础，而最后也无法自动转化为三角形面。在早期的电脑游戏制作过程中，大多数游戏引擎技术支持的模型都为三角形面模型，但随着技术的发展，Edit Mesh 命令已经不能满足三维游戏制作中对模型编辑的需要，之后逐渐被强大的 Edit Poly 命令所代替。而且 Edit Poly 物体还可以和 Edit Mesh 进行自由转换，以应对各种不同的需要。

将模型物体转换为编辑多边形模式，可以通过以下 3 种方法实现：

（1）在视图窗口中用鼠标右键单击模型物体，在弹出的视图菜单中选择 Convert to Editable Poly（塌陷为可编辑的多边形）命令，即可将模型物体转换为编辑多边形模式。

（2）在 3ds Max 主界面右侧的修改面板的堆栈窗口中用鼠标右键单击需要的模型物体，同样选择 Convert to Editable Poly 命令，也可将模型物体转换为编辑多边形模式。

（3）在堆栈窗口中对想要编辑的模型物体直接添加 Edit Poly 命令，也可让模型物体进入编辑多边形模式，这种方法相对前面两种方法来说有所不同。对于添加 Edit Poly 命令后的模型，在编辑的时候还可以返回上一级的模型参数设置界面，而上面两种方法则不可以，所以第三种方法相对来说更具有一定的灵活性。

在编辑多边形模式下，共分为 5 个层级，分别是 Vertex（点）、Edge（边）、Border（边界）、Polygon（多边形）和 Element（元素），如图 4-23 左图所示。每个多边形从点、线、面到整体互相配合，共同围绕着为多边形编辑而服务，通过不同层级的操作最终完成模型整体的搭建制作。

在进入每个层级后，菜单窗口会出现不同层级的专属面板，同时所有层级还共享统一的多边形编辑面板。图 4-23 右图所示就是编辑多边形的命令面板，包括以下几部分：Selection（选择）、Soft Selection（软选择）、Edit Geometry（编辑几何体）、Subdivision Surface（细分表面）、Subdivision Displacement（细分位移）和 Paint Deformation（绘制变形），下面我们将针对每个层级详细讲解模型编辑中常用的命令。

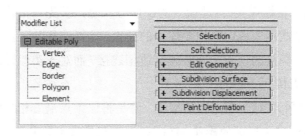

图 4-23　编辑多边形模式下的层级和编辑多边形的命令面板

1．Vertex 层级

在 Vertex 层级下的选择面板中，有一个重要的选项——Ignore Backfacing（忽略背面），如图 4-24 左图所示。如果选择了这个选项，当在视图中选择模型可编辑点时，则将会忽略所有当前视图背面的点。此选项在其他层级中也同样适用。

Edit Vertices（编辑顶点）命令面板是 Vertex 层级下独有的命令面板，其中大多数命令都是常用的编辑多边形命令，如图 4-24 右图所示。

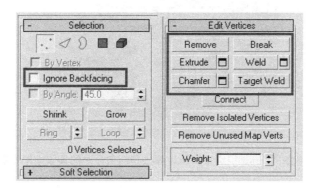

图 4-24　Ignore Backfacing 选项和 Edit Vertices 命令面板中的常用命令

- Remove（移除）：当模型物体上有需要移除的顶点时，选中顶点执行此命令。Remove 不等于 Delete（删除），移除顶点后该模型顶点周围的面还将存在，而删除命令则是将选中的顶点连同顶点周围的面一起删除。
- Break（打散）：选中顶点执行此命令后，该顶点会被打散为多个顶点，打散的顶点个数与打散前该顶点连接的边数有关。
- Extrude（挤压）：挤压是多边形编辑中常用的编辑命令，而对于 Vertex 层级的挤压简单来说就是将该顶点以突出的方式挤出到模型以外。
- Weld（焊接）：这个命令与打散命令刚好相反，是将不同的顶点结合在一起的操作。选中想要焊接的顶点，设定焊接的范围，然后执行焊接命令，这样不同的顶点就被结合到了一起。

- Target Weld（目标焊接）：此命令的操作方式是，首先单击此命令出现鼠标指针图形，其次依次用鼠标选择想要焊接的顶点，这样选择的顶点就被焊接到了一起。要注意的是，焊接的顶点之间必须有边相连接，而对于类似四边形面对角线上的顶点是无法焊接到一起的。
- Chamfer（倒角）：对于顶点倒角来说，就是将该顶点沿着相应的实线边以分散的方式形成新的多边形面的操作。挤压和倒角都是常用的多边形编辑命令，在多个层级下都包含这两个命令，但每个层级的操作效果不同。图 4-25 能更加具象地表现 Vertex 层级下挤压、焊接和倒角命令的具体操作效果。
- Connect（连接）：选中两个没有边连接的顶点，单击此命令则会在两个顶点之间形成新的实线边。在挤压、焊接、倒角命令按钮后面都有一个方块按钮，表示该命令存在子级菜单，可以对相应的参数进行设置。选中需要操作的顶点后单击此方块按钮，就可以通过参数设置的方式对相应的顶点进行设置。

图 4-25　Vertex 层级下挤压、焊接和倒角命令的具体操作效果

2. Edge 层级

在 Edit Edges（编辑边）命令面板中（见图 4-26），常用的命令主要有以下几个。

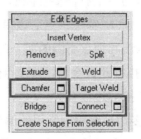

图 4-26　Edit Edges 命令面板

- Remove（移除）：将被选中的边从模型物体上移除，移除并不会将边周围的面删除。

- Extrude（挤压）：在 Edge 层级下挤压命令的操作效果几乎和 Vertex 层级下的挤压命令相同。
- Chamfer（倒角）：对于边的倒角来说，就是将选中的边沿相应的线面扩散为多条平行边的操作，边的倒角才是我们通常意义上的多边形倒角，通过边的倒角可以让模型物体的面与面之间形成圆滑的转折关系。
- Connect（连接）：对于边的连接来说，就是在选中边线之间形成多条平行的边线。Edge 层级下的倒角和连接命令也是多边形模型物体常用的布线命令之一。图 4-27 能更加具象地表现 Edge 层级下挤压、倒角和连接命令的具体操作效果。
- Insert Vertex（插入顶点）：在 Edge 层级下可以通过此命令在任意模型物体的实线边上插入一个顶点。该命令与之后要讲的共用面板中的 Cut（切割）命令一样，都是多边形模型物体加点添线的重要手段。

图 4-27　Edge 层级下挤压、倒角和连接命令的具体操作效果

3．Border 层级

所谓的模型边界，主要是指可编辑的多边形模型物体中那些没有完全处于多边形面之间的实线边。通常来说，Border 层级下的菜单较少应用，其中只有一个命令需要讲解，即 Cap（封盖）命令，如图 4-28 所示。该命令主要用于给模型中的边界封闭加面，通常在执行此命令后还要对新加的模型面进行重新布线和编辑。

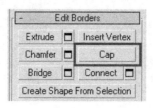

图 4-28　Cap 命令

4．Polygon 层级

Polygon 层级下 Edit Polygons（编辑多边形）面板中的大多数命令也都是常用的多边形编辑命令（见图 4-29）。

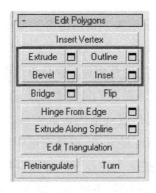

图 4-29 Edit Polygons 面板

- Extrude（挤压）：Polygon 层级下的挤压就是将多边形面沿一定方向挤出的操作，单击挤压命令后面的方块按钮，在弹出的菜单中可以设定挤出的方向，分为 3 种类型：Group（整体挤出）、Local Normal（沿自身法线方向整体挤出）、By Polygon（按照不同的多边形面分别挤出），这 3 种类型在 3ds Max 的很多操作中都能经常看到。
- Outline（轮廓）：是指将选中的多边形面沿着它所在的平面扩展或收缩的操作。
- Bevel（倒角）：这个命令是多边形面的倒角命令，具体操作是将多边形面挤出后再进行缩放，单击命令后面的方块按钮可以设置具体挤出的操作类型和缩放操作的参数。
- Inset（插入）：将选中的多边形面按照所在平面向内收缩产生一个新的多边形面的操作，单击命令后面的方块按钮可以设定插入操作的方式是整体插入还是分别按多边形面插入。通常插入命令要配合挤压和倒角命令一起使用。图 4-30 能更加直观地表现 Polygon 层级下挤压、轮廓、倒角和插入命令的效果。

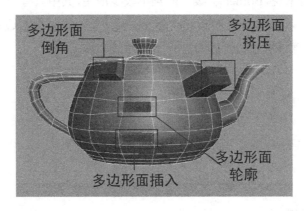

图 4-30 Polygon 层级下挤压、轮廓、倒角和插入命令的效果

- Flip（翻转）：将选中的多边形面进行翻转法线的操作。在 3ds Max 中，法线是指物体在视图窗口中可见性的方向指示，物体法线朝向我们则代表该物体在视图中为可见；相反，为不可见。

另外，在 Polygon 层级下 Edit Polygons 面板中还需要介绍的是 Turn（反转）命令，该命令不同于刚才介绍的 Flip 命令。虽然在编辑多边形模式中以四边形的面作为编辑基础，但其实每个四边形的面仍然是由两个三角形面所组成的，只是划分三角形面的边是作为虚线边隐藏存在的，当我们调整顶点时，这条虚线边也恰恰作为隐藏的转折边。单击 Turn 命令，所有隐藏的虚线边都会显示出来，这时用鼠标单击虚线边就会使之反转方向。对于有些模型物体，特别是游戏场景中的低精度模型物体来说，Turn 命令也是常用的命令之一。

在 Polygon 层级下还有一个十分重要的命令面板——Polygon Properties（多边形属性）面板，这也是 Polygon 层级下独有的设置面板，主要用来设定每个多边形面的材质序号和光滑组序号（见图 4-31）。其中，Set ID 用来设置当前选择多边形面的材质序号；Select ID 通过选择材质序号来选择该序号材质所对应的多边形面；Smoothing Groups 面板中的数字方块按钮用来设定当前选择多边形面的光滑组序号。模型光滑组的不同设置效果如图 4-32 所示。

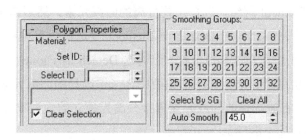

图 4-31　Polygon Properties 面板

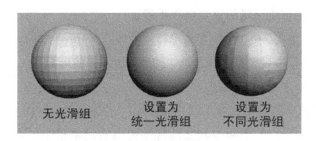

图 4-32　模型光滑组的不同设置效果

Element 层级主要用来整体选取被编辑的多边形模型物体，此层级下面板中的命令在游戏场景模型制作中较少用到，所以这里不做详细讲解。

以上就是编辑多边形模式下每个层级独立面板的详细讲解，下面介绍一下所有层级共用的 Edit Geometry（编辑几何体）面板（见图 4-33）。这个面板看似复杂，但其实在游戏场景模型制作中常用的命令并不是很多，下面讲解一下常用的几个命令。

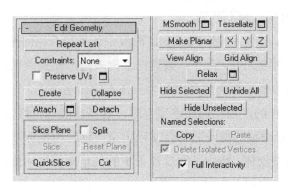

图 4-33　Edit Geometry 面板

- Attach（结合）：将不同的多边形模型物体结合为一个可编辑多边形模型物体的操作，具体操作为：先单击 Attach 命令，然后单击选择想要被结合的模型物体，这样被选择的模型物体就会被结合到之前的可编辑多边形模型物体上。
- Detach（分离）：与 Attach 恰好相反，Detach 是将可编辑多边形模型物体上的面或元素分离成独立模型物体的操作，具体操作方法为：进入编辑多边形的 Polygon 或 Element 层级，选择想要分离的面或元素，然后单击 Detach 命令，会弹出一个命令窗口。勾选 Detach to Element 复选框代表将被选择的面分离为当前可编辑多边形模型物体的元素；而勾选 Detach as Clone 复选框则代表将被选择的面或元素克隆分离为独立的模型物体（被选择的面或元素保持不变）。如果都不勾选，则将被选择的面或元素直接分离为独立的模型物体（被选择的面或元素从原模型物体上删除）。
- Cut（切割）：是指在可编辑多边形模型物体上直接切割绘制新的实线边的操作，这是模型重新布线编辑的重要操作手段。
- Make Planar X/Y/Z：在可编辑多边形模型物体的 Vertex、Edge、Polygon 层级下单击这个命令，可以实现模型物体被选中的点、边或多边形面在 X、Y、Z 3 个不同轴向上的对齐。
- Hide Selected（隐藏被选择）、Unhide All（显示所有）、Hide Unselected（隐藏被选择以外）：这 3 个命令同之前视图窗口右键菜单中的命令完全一样，只不过这里是用来隐藏或显示不同层级下的点、边、多边形面的操作。对于包含众多点、边、多边形面的复杂模型物体，有时往往需要使用隐藏和显示命令来让模型制作更加方便、快捷。

最后再来介绍一下模型制作中即时查看模型面数的方法，一共有两种方法。第一种方法是可以利用 Polygon Counter（多边形统计）工具来进行查看。在 3ds Max 命令面板最后一项的工具面板中，可以通过 Configure Button Sets（快捷工具按钮设定）来找到 Polygon Counter 工具。Polygon Counter 是一个非常好用的多边形面数计数工具，其中 Selected Objects 显示当前所选择的多边形面数；All Objects 显示场景文件中所有模型的多边形面数；下面的 Count Triangles 和 Count Polygons 单选按钮用来切换显示多边形的三角形面或四边形面，如图 4-34 左图所示。第二种方法，我们可以在当前激活的视图中启动 Statistics 计数统计工具，快捷键为【7】（见图 4-34 右图）。该工具可以即时对场景中模型的点、边、多边形面进行计数统计，但这种即时运算统计非常消耗硬件，所以通常不建议在视图中一直处于开启状态。

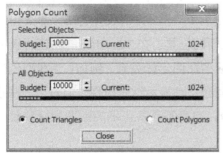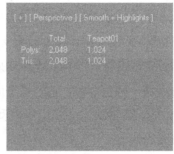

图 4-34　两种统计模型面数的方法

三维游戏的最大特点就是真实性。所谓真实性，是指在游戏中玩家可以从各个角度去观察游戏场景中的模型和各种美术元素。三维引擎为我们营造了一个 360°的真实感官世界，在模型制作的过程中，我们要时刻记住这个概念，保证模型各个角度都要具备模型结构和贴图细节的完整度，在制作过程中要通过视图多方位旋转观察模型，避免漏洞和错误的产生。

另外，在游戏模型制作初期最容易出现的问题就是模型中会存在大量"废面"，要善于利用多边形面数计数工具，及时查看模型的面数，随时提醒自己不断修改和整理模型，保证模型面数的精简。对于游戏中玩家视角以外的模型面，尤其是模型底部或紧贴在一起的内侧的模型面，都可以进行删除。

除模型面数的简化外，在多边形模型的编辑和制作过程中还要注意避免产生四边形以上的模型面，尤其是在切割和添加边线的时候，要及时利用 Connect 命令连接顶点。对于游戏模型来说，自身的多边形面可以是三角形面或四边形面，但如果出现四边形以上的多边形面，在导入游戏引擎后就会出现模型错误问题，所以要极力避免这种情况的发生。

4.3 3D 模型贴图技术

4.3.1 3ds Max UVW 贴图坐标技术

在 3ds Max 中,默认状态下的模型物体要想正确显示贴图材质,必须先对其贴图坐标(UVW Coordinates)进行设置。所谓"贴图坐标",就是模型物体确定自身贴图位置关系的一种参数,通过正确设定贴图坐标让模型和贴图之间建立相应的关联关系,保证贴图材质正确地投射到模型物体表面。

模型物体在 3ds Max 中的三维坐标用 X、Y、Z 来表示,而贴图坐标则使用 U、V、W 与其对应,如果把位图的垂直方向设定为 V,水平方向设定为 U,那么它的贴图像素坐标可以用 U 和 V 来确定在模型物体表面的位置。在 3ds Max 的创建面板中创建基础几何体模型时,系统会自动为其生成相应的贴图坐标关系。例如,当我们创建一个 Box 模型并为其添加一张位图时,它的 6 个面会自动显示这张位图。但对于一些模型,尤其是利用 Edit Poly 编辑制作的多边形模型,自身不具备正确的贴图坐标参数,这就需要我们为其设置和修改 UVW 贴图坐标。

关于模型贴图坐标的设置和修改,通常会用到两个关键的命令:UVW Map 和 Unwrap UVW,这两个命令可以在堆栈命令下拉列表中找到。这个看似简单的功能需要我们花费相当多的时间和精力,并且需要在平时的实际制作中不断总结归纳经验和技巧。下面我们来详细学习 UVW Map 和 Unwrap UVW 修改器的具体参数设置和操作方法。

UVW Map 修改器的界面基本参数设置包括:Mapping(投影方式)、Channel(通道)、Alignment(调整)和 Display(显示)4 部分,其中最为常用的是 Mapping 和 Alignment。在堆栈窗口中添加 UVW Map 修改器后,可以单击前面的"+"号展开 Gizmo 分支,进入 Gizmo 层级后可以对其进行移动、旋转、缩放等操作,对 Gizmo 线框的编辑操作同样会影响模型贴图坐标的位置关系和贴图的投影方式。

在 Mapping 面板中包含贴图对模型物体的 7 种投影类型和相关参数设置(见图 4-35),这 7 种投影类型分别是:Planar(平面贴图)、Cylindrical(圆柱贴图)、Spherical(球形贴图)、Shrink Wrap(收缩包裹贴图)、Box(立方体贴图)、Face(面贴图)及 XYZ to UVW。下面的参数用来调节 Gizmo 的尺寸和贴图的平铺次数,在实际制作中并不常用。这里需要掌握的是能够根据不同形态的模型物体选择合适的贴图投影类型,以方便之后展开贴图坐标的操作。下面针对每种投影类型来了解其原理和具体应用方法。

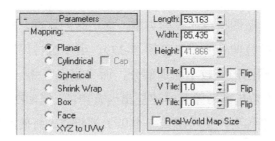

图 4-35　Mapping 面板中的 7 种投影类型和相关参数设置

(1) 平面贴图：将贴图以平面的方式映射到模型物体表面，它的投影平面就是 Gizmo 的平面，所以通过调整 Gizmo 平面就能确定贴图在模型物体上的贴图坐标位置。平面贴图适用于纵向位移较小的平面模型物体，在游戏场景制作中是最常用的贴图投影类型，一般在可编辑多边形的 Polygon 层级下选择想要贴图的表面，然后添加 UVW Map 修改器选择平面投影类型，并在 Unwrap UVW 修改器中调整贴图位置。

(2) 圆柱贴图：将贴图沿着圆柱体侧面映射到模型物体表面，它将贴图沿着圆柱的四周进行包裹，最终圆柱立面左侧边界和右侧边界相交在一起。相交的这条贴图接缝也是可以控制的，单击进入 Gizmo 层级，可以看到 Gizmo 线框上有一条绿线，这就是控制贴图接缝的标记，通过旋转 Gizmo 线框可以控制接缝在模型物体上的位置。Cylindrical 后面有一个 Cap 选项，如果激活它，则圆柱的顶面和底面将分别使用平面贴图投影类型。在游戏场景制作中，大多数建筑模型的柱子或类似的柱形结构的贴图坐标方式都用圆柱贴图来实现。

(3) 球形贴图：将贴图沿球体内表面映射到模型物体表面，其实球形贴图与圆柱贴图相似，贴图的左端和右端同样在模型物体表面形成一条接缝，同时贴图上下边界分别在球体两极收缩成两个点，与地球仪十分类似。为角色脸部模型贴图时，通常使用球形贴图。平面贴图、圆柱贴图和球形贴图方式如图 4-36 所示。

图 4-36　平面贴图、圆柱贴图和球形贴图方式

(4) 收缩包裹贴图：将贴图包裹在模型物体表面，并且将所有的角拉到一个点上，

这是唯一一种不会产生贴图接缝的投影类型，也正因为这样，模型物体表面的大部分贴图会产生比较严重的拉伸和变形（见图 4-37）。由于这种局限性，在多数情况下使用它的物体只能显示贴图形变较小的那部分，而"极点"那一端必须要被隐藏起来。在游戏场景制作中，收缩包裹贴图有时还是相当有用的，例如在制作石头这类模型时，使用其他贴图投影类型都会产生接缝或一个以上的极点，而使用收缩包裹贴图投影类型就完全解决了这个问题，即使存在一个相交的"极点"，但只要把它隐藏在石头的底部即可。

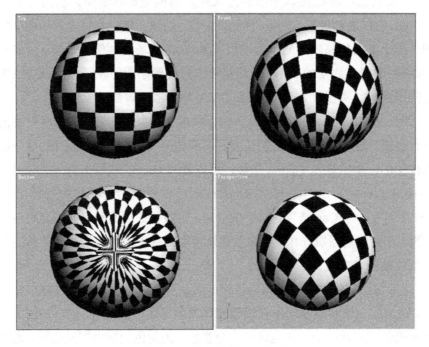

图 4-37 收缩包裹贴图方式

（5）立方体贴图：按 6 个垂直空间平面将贴图分别映射到模型物体表面，对于规则的几何模型物体来说，这种贴图投影类型十分方便、快捷，比如场景模型中的墙面、方形柱子或类似的盒式结构的模型。

（6）面贴图：为模型物体的所有几何面同时应用平面贴图，这种贴图投影类型与材质编辑器 Shader Basic Parameters 参数中的 Face Map 作用相同。立方体贴图和面贴图方式如图 4-38 所示。

（7）XYZ to UVW：这种贴图投影类型在游戏场景制作中较少使用，所以在这里不进行过多讲解。

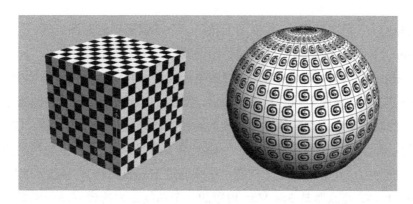

图 4-38　立方体贴图和面贴图方式

Alignment 工具面板中提供了 8 个工具，用来调整贴图在模型物体上的位置关系，正确合理地使用这些工具在实际制作中能起到事半功倍的效果（见图 4-39）。在 Alignment 工具面板中，位于顶部的"X""Y""Z"单选按钮用于控制 Gizmo 的方向，这里所指的"方向"是物体的自身坐标方向，也就是 Local Coordinate System（自身坐标系统）模式下物体的坐标方向，通过在"X""Y""Z"之间进行切换能够快速改变贴图的投影方向。

图 4-39　Alignment 工具面板

- Fit（适配）：自动调整 Gizmo 的大小，使其尺寸与模型物体相匹配。
- Center（置中）：将 Gizmo 的位置对齐到模型物体的中心。这里的"中心"是指模型物体的几何中心，而不是它的轴心（Pivot）。
- Bitmap Fit（位图适配）：将 Gizmo 的长宽比例调整为指定位图的长宽比例。在使用平面贴图投影类型时，经常会碰到位图没有按照原始比例显示的情况，如果靠调节 Gizmo 的尺寸则比较麻烦，这时可以使用这个工具，只要选中已使用的位图，Gizmo 就会自动改变长宽比例与其匹配。
- Normal Align（法线对齐）：将 Gizmo 与指定面的法线垂直，也就是与指定面平行。
- View Align（视图对齐）：将 Gizmo 平面与当前的视图平行对齐。

- Region Fit（范围适配）：在视图上拉出一个范围来确定贴图坐标。
- Reset（复位）：恢复贴图坐标的初始设置。
- Acquire（获取）：将其他物体的贴图坐标设置引入到当前模型物体中。

在了解了 UVW 贴图坐标的相关知识后，我们可以用 UVW Map 修改器来为模型物体指定基本的贴图映射方式，这对于模型的贴图工作来说还只是第一步。UVW Map 修改器定义的贴图映射方式只能从整体上为模型赋予贴图坐标，对于更加精确的贴图坐标的修改却无能为力，要想解决这个问题，必须通过 Unwrap UVW 修改器来实现。

Unwrap UVW 修改器是 3ds Max 内置的一个功能强大的模型贴图坐标编辑系统，通过这个修改器可以更加精确地编辑多边形模型点、边、多边形面的贴图坐标分布，尤其是对于生物体模型和场景雕塑模型等结构较为复杂的多边形模型来说，必须要用到 Unwrap UVW 修改器。

在 3ds Max 修改面板的堆栈菜单列表中可以找到 Unwrap UVW 修改器，其参数窗口主要包括 Selection Parameters（选择参数）、Parameters（参数）和 Map Parameters（贴图参数）3 部分，在 Parameters 面板下还包括一个 Edit UVWs 编辑器。总的来看，Unwrap UVW 修改器十分复杂，包含众多的命令和编辑面板，对于初学者来说上手操作有一定的难度。其实对于游戏三维制作来说，只需要了解、掌握修改器中的一些重要命令参数即可，不需要做到全盘精通。

Parameters 面板主要用来打开 UV 编辑器，同时还可以对已经设置完成的模型 UV 进行存储（见图 4-40）。

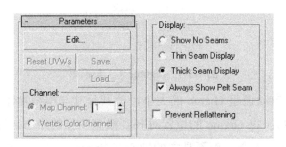

图 4-40　Parameters 面板

- Edit（编辑）：用来打开 Edit UVWs 编辑窗口，对于其具体参数设置下面将会讲到。
- Reset UVWs（重置 UVW）：放弃已经编辑好的 UVW，使其回到初始状态，这也就意味着之前的全部操作都将丢失，所以一般不使用这个按钮。
- Save（保存）：将当前编辑的 UVW 保存为 ".UVW" 格式的文件，对于复制的模型物体可以通过载入文件来直接完成 UVW 的编辑。其实在游戏场景的制作中我们通常会选择另外一种方式来操作：单击模型堆栈窗口中的 Unwrap UVW 修改器，然后按住鼠标左键直接拖曳这个修改器到视图窗口中复制出的模型物体上，松开鼠标左键即可完成操作。这种拖曳修改器的操作方式在其他很多地方也会用到。

- Load（载入）：载入".UVW"格式的文件，如果两个模型物体不同，则此命令无效。
- Channel（通道）：包括 Map Channel（贴图通道）与 Vertex Color Channel（顶点色通道）两个选项，在游戏场景制作中并不常用。
- Display（显示）：使用 Unwrap UVW 修改器后，模型物体的贴图坐标表面会出现一条绿色的线，这就是展开贴图坐标的缝合线。这里的选项用来设置缝合线的显示方式，从上到下依次为：不显示缝合线、显示较细的缝合线、显示较粗的缝合线、始终显示缝合线。

Map Parameters 面板看似十分复杂，但其实常用的命令并不多（见图 4-41）。在该面板的上半部分，包括 5 种贴图映射方式和 7 种贴图坐标对齐方式，由于这些命令操作大多在 UVW Map 修改器中都可以完成，所以这里较少用到。

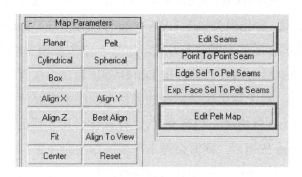

图 4-41　Map Parameters 面板

这里需要着重讲解的是 Pelt（剥皮）工具，该工具在游戏场景雕塑模型和生物体模型的制作中经常会用到。Pelt 是指把模型物体的表面剥开，并将其贴图坐标平展的一种贴图映射方式，这是 UVW Map 修改器中没有的一种贴图映射方式，相较其他贴图映射方式来说相对复杂，下面来具体讲解操作流程。

总体来说，Pelt 平展贴图坐标的流程分为三大步：（1）重新定义编辑缝合线；（2）选择想要编辑的模型物体或模型面，单击 Pelt 按钮，选择合适的平展对齐方式；（3）单击 Edit Pelt Map 按钮，对选择对象进行平展操作。

图 4-42 中的模型为一个场景石柱模型，左侧模型上的绿线为原始的缝合线。进入 Unwrap UVW 修改器的 Edge 层级后，单击 Map Parameters 面板中的 Edit Seams 按钮就

可以对模型重新定义缝合线。在 Edit Seams 按钮激活状态下，单击模型物体上的边线就会使之变为蓝色，蓝色的线就是新的缝合线路经。按住键盘上的【Ctrl】键再单击边线可以取消蓝色缝合线。我们在定义、编辑新的缝合线的时候，通常会在参数设置中选择隐藏绿色缝合线，重新定义、编辑好的缝合线见图 4-42 中间模型的蓝线。

图 4-42　重新定义缝合线并选择展开平面

接下来，进入 Unwrap UVW 修改器的 Face 层级，选择想要平展的模型物体或模型面，然后单击 Pelt 按钮，会出现类似于 UVW Map 修改器中的 Gizmo 平面，这时在 Map Parameters 面板中选择合适的平展对齐方式，如图 4-42 右侧模型所示。

接着单击 Edit Pelt Map 按钮，会弹出 Edit UVWs 窗口，从模型 UV 坐标每个点上都会引申出一条虚线，对于这里密密麻麻的各种点和线不需要精确调整，只需要遵循一个原则：尽可能地让这些虚线不相互交叉，这样操作会让之后的 UV 平展更加便捷。

单击 Edit Pelt Map 按钮后，同时会弹出平展操作的命令窗口，该命令窗口中包含许多工具和命令，但对于平时一般制作来说很少用到，只需要单击命令窗口右下角的 Simulate Pelt Pulling（模拟拉皮）按钮就可以继续下一步的平展操作。接下来整个模型的贴图坐标将会按照一定的力度和方向进行平展操作，具体原理就相当于将模型的每个 UV 顶点沿着引申出来的虚线方向进行均匀的拖曳，形成贴图坐标分布网格（见图 4-43）。

之后我们需要对 UV 网格进行顶点的调整和编辑，编辑的原则就是让网格尽量均匀分布，这样最后当贴图添加到模型物体表面时才不会出现较大的拉伸和撕裂现象。我们可以通过单击 UV 编辑器视图窗口上方的棋盘格显示按钮来查看模型 UV 的分布状况，当黑白色方格在模型表面均匀分布、没有较大变形和拉伸的状态时，就说明模型的 UV 是均匀分布的（见图 4-44）。

第 4 章　3ds Max 游戏建模和贴图

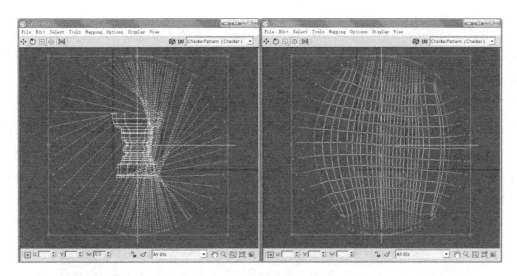

图 4-43　利用 Pelt 命令展平模型 UV

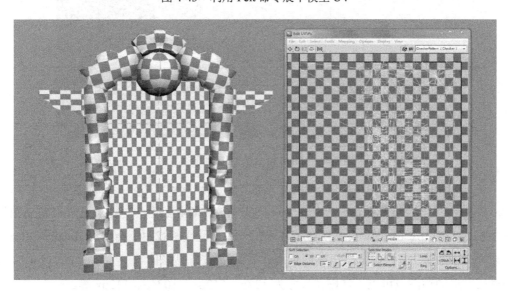

图 4-44　利用黑白棋盘格来查看 UV 分布状况

4.3.2　模型贴图的制作

对于三维游戏美术师来说，仅利用 3ds Max 完成模型的制作是远远不够的，三维模型的制作只是开始，是之后工作流程的基础。如果把三维游戏制作比喻为绘画，那么模型的制作只相当于绘画的初步线稿，后面还要为作品增加颜色，而上色在三维游戏制作中就相当于 UV、材质及贴图的工作。

在三维游戏制作中，贴图比模型显得更加重要。由于游戏引擎显示及硬件负载的限制，游戏场景模型对于模型面数的要求十分严格，模型在不能增加面数的前提下还要尽可能地展现物体的结构和细节，这就必须依靠贴图来表现。如何用少量的贴图去完成大面积模型的整体贴图工作，这需要三维游戏美术师来把握和控制，这种能力也是三维游戏美术师必须具备的。

现在大多数游戏公司，尤其是 3D 网络游戏制作公司，最常用的模型贴图格式为.DDS 格式，这种格式的贴图在游戏中可以随着玩家操控的角色与其他模型物体间的距离来改变贴图自身尺寸，在保证视觉效果的同时节省大量资源。场景中的模型距离玩家操控的角色越近，自身显示的贴图尺寸越大；相反，越远则越小。其原理就是这种格式的贴图在绘制完成后，在最后保存时会自动存储为若干小尺寸的贴图（见图4-45）。

图 4-45　.DDS 格式的贴图的存储方式

在三维游戏制作中，贴图的尺寸通常为 8px×8px、16px×16px、32px×32px、64px×64px、128px×128px、512px×512px、1024px×1024px 等，一般来说常用的贴图尺寸是 512px×512px 和 1024px×1024px，可能在一些次世代游戏中还会用到2048px×2048px 的超大尺寸贴图。有时候为了压缩图片尺寸，节省资源，贴图不一定是等边的，竖长方形和横长方形的贴图也可以，如贴图尺寸为 128px×512px、1024px×512px 等。

三维游戏的制作其实可以概括为一个"收缩"的过程，考虑到引擎能力、硬件负荷、网络带宽等因素，在游戏制作中必须要尽可能地节省资源。游戏模型不仅要制作成低模的，而且在最后导入游戏引擎前还要进一步删减模型面数。游戏贴图也是如此，作为三维游戏美术师，要尽一切可能让贴图尺寸降到最小，把贴图中的所有元素尽可能地堆积到一起，并且还要尽量减少模型应用的贴图数量（见图4-46）。总之，在导入游戏引擎前，所有美术元素都要尽可能精炼，这就是"收缩"的概念。虽然现在游戏引擎技术飞速发展，对于资源的限制逐渐放宽，但节约资源的理念应该是每个三维游戏美术师所奉行的基本原则。

图 4-46 这张贴图将所有元素集中到一起，几乎没有剩余的 UV 空间

对于要导入游戏引擎的模型，其命名必须用英文，不能出现中文字符。在实际游戏项目制作中，模型的名称要与对应的材质球和贴图命名统一，以便于查找和管理。模型的命名通常包括前缀、名称和后缀 3 部分，例如建筑模型可以命名为 JZ_Starfloor_01，不同模型之间不能出现重名。

与模型命名一样，材质和贴图的命名同样不能出现中文字符。模型、材质与贴图的名称要统一，不同贴图不能出现重名现象，贴图的命名同样包含前缀、名称和后缀 3 部分，例如 jz_Stone01_D。在实际游戏项目制作中，不同的后缀名代指不同的贴图类型，通常来说_D 表示 Diffuse 贴图，_B 表示凹凸贴图，_N 表示法线贴图，_S 表示高光贴图，_AL 表示带有 Alpha 通道的贴图。不同的游戏引擎和不同的游戏制作公司，在贴图格式和命名上都有各自的具体要求，这里无法一一具体介绍。在日常的练习或个人作品中，贴图格式存储为 TGA 或 JPG 即可。下面介绍几种常用的贴图形式。

通常三维游戏模型常见的贴图形式有两种：拼接贴图和循环贴图。拼接贴图是指在模型制作完成后将模型的全部 UV 平展到一张或多张贴图上，其多用来制作游戏角色模型、雕塑模型、场景道具模型等，图 4-46 所示就属于拼接贴图。一般来说，拼接贴图用 1024px×1024px 尺寸的贴图就足够了，但对于体积庞大、细节过于复杂的模型，也可以将模型拆分为不同部分并将 UV 平展到多张贴图上。

在游戏场景制作中，尤其是制作建筑模型，更多是利用循环贴图。循环贴图不需要将模型 UV 平展后再绘制贴图，而是可以在模型制作的同时绘制贴图，然后用模型中的不同面的 UV 坐标去对应贴图中的元素。相对于拼接贴图，循环贴图更加不受限制，可以重复利用贴图中的元素，对于建筑墙体、地面等结构简单的模型的制作来说具有更大优势（见图 4-47）。

图 4-47　场景建筑墙体模型循环贴图

接下来再谈一下游戏贴图的风格，一般来说游戏贴图风格主要分为写实风格和手绘风格。写实风格的贴图一般都用真实的照片来进行修改，而手绘风格的贴图主要靠制作者的美术功底来进行手绘。其实贴图的美术风格并没有十分严格的界定，而是看侧重于哪一方面，是偏写实还是偏手绘。写实风格主要用在真实背景的游戏中，而手绘风格主要用在 Q 版卡通游戏中。当然，一些游戏为了标榜独特的视觉效果，也采用偏写实的手绘贴图。贴图的风格并不能真正决定一款游戏的好坏，重要的还是制作的质量，这里只作简单介绍，让大家了解不同贴图所塑造的美术风格。

图 4-48 左图所示为手绘风格的游戏贴图，其中瓦片和瓦当等全部通过手绘完成，整体风格偏卡通，适用于 Q 版卡通游戏。手绘贴图的优点是：整体都用颜色绘制，色块面积比较大，而且过渡柔和，在贴图放大后不会出现明显的贴图拉伸和变形痕迹。图 4-48 右图所示为写实风格的贴图，图片中大多数元素的素材都取自真实照片，通过使用 Photoshop 进行修改、编辑形成了适合游戏中使用的贴图，这张贴图同时也是一张二方连续贴图。写实贴图的细节效果和真实感比较强，但如果模型 UV 处理不当，则会造成比较严重的拉伸和变形。

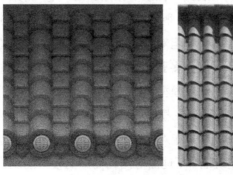

图 4-48　手绘风格的贴图与写实风格的贴图

下面我们通过一张石砖贴图的制作实例来学习游戏模型贴图的基本绘制流程和方法。首先，在 Photoshop 中创建新的图层，根据模型 UV 网格绘制出石砖的基本底色，留出石砖之间的黑色缝隙。接下来开始绘制每块石砖边缘的明暗关系，相对于石砖本身，边缘转折处应该有明暗的变化（见图 4-49）。

图 4-49　绘制贴图底色

现在的石砖边缘稍显生硬，需要绘制石砖边缘向内的过渡，让石砖边缘显出凹凸的自然石质倒角效果，然后在每块石砖内部绘制裂纹，制作出天然的沧桑和旧化感（见图 4-50）。

图 4-50　绘制倒角和裂纹

继续绘制裂纹的细节，利用明暗关系的转折让裂纹更加自然、真实。接下来选用一些肌理丰富的照片材质进行底纹叠加，可以叠加多张不同的材质，图层的叠加方式可以选择 Overlay、Multiply 或 Softlight，强度可以通过图层透明度来控制。通过叠加纹理可以增强贴图的真实感和细节，这样制作出来的贴图就是偏写实风格的贴图（见图 4-51）。

图 4-51　绘制裂纹细节和叠加贴图

以上所有步骤都是利用黑白灰色调对贴图进行绘制的,最后给贴图整体叠加一个主色调,并对石砖边缘的色彩进行微调,使之具有色彩变化,更具自然感(见图 4-52)。

图 4-52　添加色彩

制作完成的贴图要通过材质编辑器添加到材质球上,然后才能赋予模型。在 3ds Max 的快捷按钮区单击材质编辑器按钮,或者按键盘上的【M】键,可以打开材质编辑器。材质编辑器内容复杂且功能强大,然而对于游戏制作来说,这里应用的部分却十分简单,因为游戏中的模型材质效果都是通过游戏引擎中的设置来实现的,材质编辑器中的参数设定并不能影响游戏实际场景中模型的材质效果。在三维模型制作时,我们仅仅利用材质编辑器将贴图添加到材质球的贴图通道上。普通的模型贴图只需要在 Maps(贴图通道)的 Diffuse Color(固有色)通道中添加一张位图(Bitmap)即可,如果游戏引擎支持高光和法线贴图(Normal Map),那么可以在 Specular Level(高光级别)和 Bump(凹凸)通道中添加高光和法线贴图(见图 4-53)。

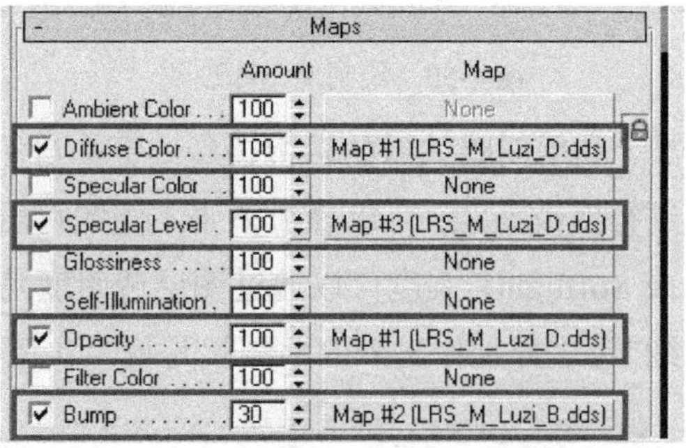

图 4-53　常用的材质球贴图通道

除此之外,游戏模型贴图还有一种特殊的类型,就是透明贴图。所谓透明贴图,就是带有不透明通道的贴图,也称为 Alpha 贴图。例如,游戏制作中的植物模型的叶片、建筑模型中的栏杆等复杂结构及生物体模型的毛发等都必须用透明贴图来实现。图 4-54 左图所示为透明贴图,右图就是它的不透明通道,在不透明通道中白色部分为可见,黑色部分为不可见,这样最后在游戏场景中就实现了带有镂空效果的树叶。

图 4-54　Alpha 贴图效果

通常在实际制作中我们会在 Photoshop 中将图片的不透明通道直接作为 Alpha 通道保存到图片中，然后将贴图添加到材质球的 Diffuse Color 和 Opacity（透明度）通道中。要注意的是，只将贴图添加到 Opacity 通道还不能实现镂空效果，必须要进入此通道下的贴图层级，将 Mono Channel Output（通道输出）设定为 Alpha 模式，这样贴图在导入游戏引擎后就会实现镂空效果。

最后再来为大家介绍一下 3ds Max 中关于贴图方面的常用工具及实际操作中常见的问题和解决方法。在 3ds Max 命令面板的最后一项工具面板中，在工具列表中可以找到 Bitmap/Photometric Paths（贴图路径）工具，该工具可以方便我们在游戏制作中快速指定材质球所包含的所有贴图路径。

在项目制作过程中，我们会经常接收到从其他制作人员电脑中传输过来的游戏场景制作文件，或者从公司服务器中下载的文件。当我们在自己的电脑上打开这些文件的时候，有时会发现模型的贴图不能正常显示，其实大多数情况下并不是贴图本身的问题，而是文件中材质球所包含的贴图路径发生了改变。如果单纯手动去修改贴图路径，则操作将变得十分烦琐，这时如果使用 Bitmap/Photometric Paths 工具，那么将会非常简单、方便。

选择 Bitmap/Photometric Paths 工具，单击 Edit Resources 按钮，会弹出一个面板窗口。在该面板窗口右侧，Close 按钮用来关闭面板；Info 按钮可以查看所选中的贴图；Copy Files 按钮可以将所选的贴图复制到指定的路径或文件夹中；Select Missing Files 按钮可以选中所有丢失路径的贴图；Find Files 按钮可以显示本地贴图和丢失贴图的信息；Strip Selected Paths 按钮可以取消所选贴图之前指定的贴图路径；Strip All Paths 按钮可以取消所有贴图之前指定的贴图路径；New Path 文本框和 Set Path 按钮用来设定新的贴图路径（见图 4-55）。

当我们打开从他人电脑上传输过来的制作文件时，如果发现贴图不能正常显示，则可以通过工具面板中的 Bitmap/Photometric Paths Editor，单击 Select Missing Files 按钮，首先查找并选中丢失路径的贴图，然后在 New Path 文本框中输入当前文件贴图所在的文件夹路径，并通过 Set Path 按钮将路径进行重新指定，这样场景文件中的模型就可以正确显示贴图了。

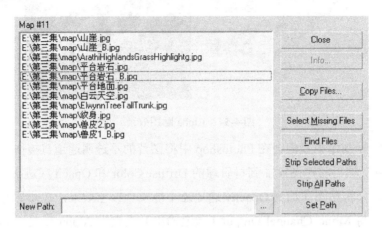

图 4-55　Bitmap/Photometric Paths 工具面板窗口

当在电脑上首次安装 3ds Max 软件时，打开模型文件会发现原本清晰的贴图变得非常模糊，遇到这种情况并不是贴图的问题，也不是场景文件的问题，而是需要对 3ds Max 的驱动显示进行设置。在 3ds Max 菜单栏的 Customize（自定义）菜单下单击 Preferences，在弹出的窗口中选择 Viewports（视图设置），然后通过面板下方的 Display Drivers（显示驱动）来进行设定。Choose Driver 用来选择显示驱动模式，这里要根据计算机自身显卡的配置来选择。Configure Driver 用来对显示模式进行详细设置，单击后会弹出面板窗口（见图 4-56）。

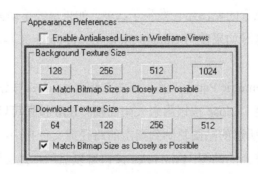

图 4-56　对软件显示模式进行设置

将 Background Texture Size（背景贴图尺寸）和 Download Texture Size（下载贴图尺寸）分别设置为最大的"1024"和"512"格式，并分别勾选"Match Bitmap Size as Closely as Possible"（尽可能接近匹配贴图尺寸）复选框，然后保存并关闭 3ds Max 软件。当再次启动 3ds Max 时，贴图就可以清晰显示了。

第5章

Unity 引擎编辑器基础讲解

5.1 Unity 引擎编辑器软件的安装

Unity 引擎编辑器软件的安装非常简单，最新版的 Unity 2019 需要计算机的操作系统是 64 位才能进行安装。我们可以在 Unity 的官方网站（Unity.com）上下载到 Unity 引擎编辑器软件的最新版本。下载完成后双击 Unity 2019 引擎编辑器安装程序的图标，开始进入软件的安装流程，如图 5-1 所示。

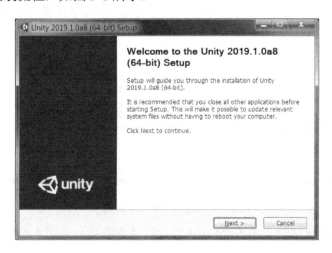

图 5-1　安装程序界面

单击"Next"按钮进入软件安装许可协议界面，然后勾选"I accept the terms of the License Agreement"复选框，单击"Next"按钮进入下一步（见图 5-2）。

图 5-2　软件安装许可协议界面

选择软件的安装路径，默认为"C:\Program Files\Unity"，需要大约 2GB 的硬盘空间，然后单击"Next"按钮开始进行程序安装，如图 5-3 所示。

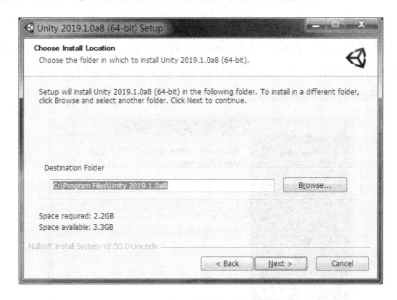

图 5-3　选择软件的安装路径

程序自动安装完成后，单击"Finish"按钮结束安装，如图 5-4 所示。

第 5 章　Unity 引擎编辑器基础讲解

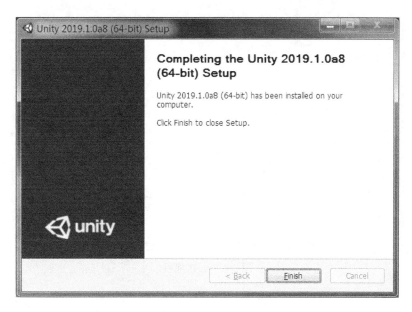

图 5-4　程序安装完毕

安装完成后，单击桌面上的 Unity 程序图标，第一次启动软件需要注册 Unity ID（见图 5-5）。单击"Create"按钮，输入电子邮箱作为账号，然后输入密码和昵称，接下来会在邮箱中收到官方发送的验证邮件，单击登录就完成了账号的注册。然后回到 Unity 登录界面，输入完成注册的账号和密码。

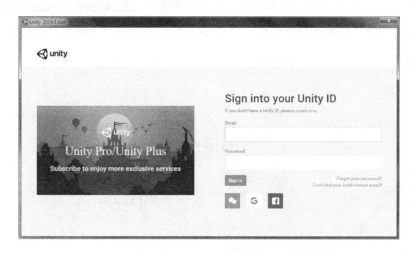

图 5-5　登录 Unity 账号

接下来就可以选择文件目录进行项目创建，单击"Create Project"按钮后就正式启动并进入 Unity 2019 引擎编辑器的主界面了，如图 5-6 所示。

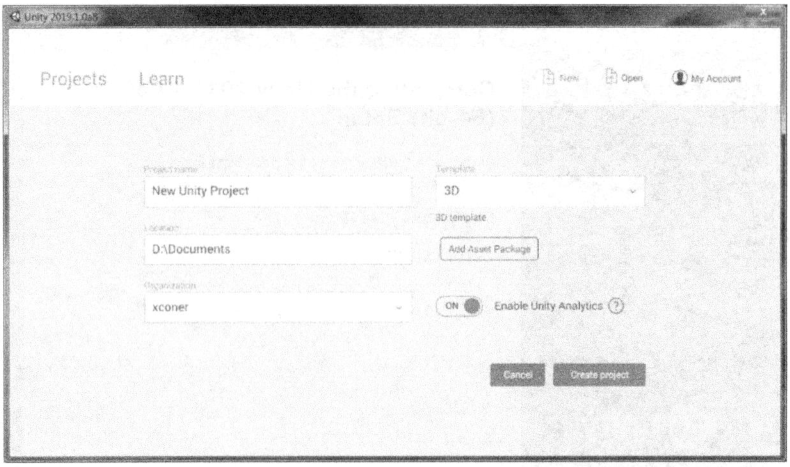

图 5-6　创建项目

5.2　Unity 引擎编辑器软件界面讲解

　　Unity 引擎编辑器软件安装完成后，我们可以通过双击桌面上的 Unity 图标来启动它。图 5-7 所示是 Unity 引擎编辑器的操作界面，在默认状态下，该界面分为六大部分：工具栏（Toolbar）、场景（Scene）及游戏（Game）视图窗口、层级面板（Hierarchy）、项目面板（Project）和属性面板（Inspector），下面我们分别来介绍一下每部分的具体功能。

图 5-7　Unity 引擎编辑器的操作界面

5.2.1 项目面板

当我们在 Unity 引擎编辑器中新建一个场景的时候，会在指定的路径位置生成 Unity project（项目）文件夹，在这个文件夹中包含一个 Assets（资源）文件夹，之后我们制作场景所需要的所有三维模型、贴图、音频文件及脚本等资源都要放在 Assets 文件夹下，甚至整个项目场景的 Unity 文件也要放在其下。

Assets 文件夹下产生的所有数据、资源都会被同步映射到项目面板中，如图 5-8 左图所示。在 Unity 引擎编辑器中，我们通过项目面板来查找或调取资源文件，可以通过在项目面板中用鼠标右键单击资源名称来定位打开在 Windows 资源管理器中的文件本身，使用键盘上的【F2】键可以重新命名项目面板中的文件或文件夹。如果在按住【Alt】键的同时展开或收起一个目录，则所有子目录也将展开或收起。

我们可以通过菜单栏中的 Assets 菜单下的 Import New Assets 命令来导入新资源，或者还可以将 Windows 中的模型、贴图、脚本、音频等源文件直接拖曳到项目面板中。这里需要注意的是，当将资源文件导入项目面板后，如果在 Windows 文件下直接移动或删除资源文件，则会导致项目面板中资源链接的损坏。

在项目面板左上角有一个"Create"按钮，我们可以从项目面板内部直接创建各种类型的资源文件（见图 5-8 右图），包括 JavaScript、C#、Boo 等语言脚本，以及 Shader 贴图材质、动画、音频和各种预置文件等。

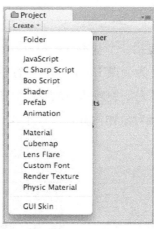

图 5-8　项目面板

5.2.2 层级面板

层级面板包含了 Unity 引擎编辑器当前项目场景中的所有游戏对象（Game Object），

包括模型及其他预置组件资源，当我们在当前场景中添加或删除游戏对象时，在层级面板中也会相应地添加或删除游戏对象，如图 5-9 左图所示。

Unity 使用父对象的概念，要想让一个游戏对象成为另一个游戏对象的子对象，只需在层级面板中将它拖到另一个游戏对象上即可。子对象将继承其父对象的移动、旋转和缩放属性，在层级面板中通过展开父对象来查看子对象不会对游戏中的对象产生影响。图 5-9 右图所示为并列的游戏对象和成为父子关系的游戏对象。

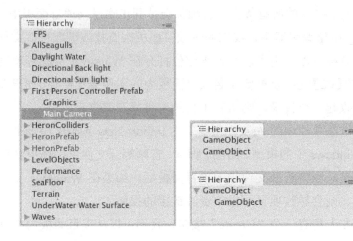

图 5-9　层级面板和并列、父子关系的游戏对象

5.2.3　工具栏

工具栏主要包括 5 个基本操作控制，涉及编辑器的不同操作和编辑。

为变换工具，用来进行视图的平移、旋转、缩放操作，以及对场景中的对象物体进行平移、旋转和缩放操作。在场景视图中可以通过【W】【E】【R】快捷键对当前选中的游戏对象物体分别进行平移、旋转和缩放操作（见图 5-10）。

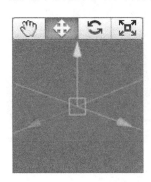  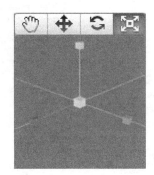

图 5-10　Unity 引擎中的平移、旋转和缩放操作

为变换辅助工具，左侧按钮用来切换物体对象平移、旋转、缩放的中心点位置，Pivot 是将中心点固定于物体的重心，单击切换为 Center 模式，将中心点固定于物体的中心。右侧按钮用来对操作物体的自身坐标系和全局坐标系进行切换，Local 为自身坐标系，单击切换为 Global，即全局坐标系。自身坐标系是针对对象物体自身而言的，而全局坐标系则是针对整个场景世界的。

工具栏中间的 3 个按钮用来对游戏视图进行操作，分别为播放运行、暂停播放和逐帧播放。

层级下拉菜单 Layers 用于控制场景中选中物体对象的显示。

布局下拉菜单 Layout 可以设置 Unity 引擎编辑器的界面布局方式，默认有 4 种方式，用户可以对视图进行随意布局，并可以在布局菜单中进行保存。

5.2.4 场景视图窗口

场景视图窗口是整个 Unity 引擎编辑器最为重要的部分，因为在 Unity 引擎编辑器中的大部分编辑与操作都是在场景视图窗口中完成的，其类似于 3ds Max 的视图窗口。在场景视图窗口中，我们可以编辑、布置游戏的场景、环境、玩家角色、摄像机、灯光、NPC、怪物等游戏对象（见图 5-11）。要想熟练掌握 Unity 引擎编辑器，必须从学会场景视图操作开始。

图 5-11　Unity 引擎编辑器中的场景视图窗口

Unity 场景视图的操作方式具有多样性，与 3ds Max 视图的操作不同，Unity 场景视图除基本的视图旋转、平移和缩放外，还具备多种第一人称交互式的操作方式。下面介绍一下场景视图的几种不同操作方式。

（1）按住【Alt】键和鼠标左键，可以对视图进行旋转操作。

（2）按住【Alt】键和鼠标中键，可以平移拖动当前视图。

（3）按住【Alt】键和鼠标右键，可以对视图进行缩放操作。

（4）通过按键盘上的【↑】【↓】【←】【→】方向键可以实现在视图 X/Z 平面内进行前、后、左、右移动。

（5）按住鼠标右键可以进入飞行穿越模式，通过鼠标旋转视角，使用键盘上的【W】（前）、【S】（后）、【A】（左）、【D】（右）、【Q】（上）、【E】（下）键进入快速移动的第一人称导航视角。

（6）视图中还有一个非常重要的操作方式，即当我们在场景视图窗口中选择游戏对象时，通过按键盘上的【F】键可以实现快速定位，将其显示在视图的中心位置，这也是使用引擎编辑器制作游戏场景的一个常用操作。

工具栏中最左侧的按钮会根据视图操作方式的不同改变图标：是平时默认状态下视图的显示状态；是移动或旋转视图时的显示状态；是缩放视图时的显示状态。

在场景视图窗口的右上角有一个显示坐标轴的小图标，这是一个场景视图辅助工具，可以显示场景摄像机的当前方向，通过单击不同的坐标轴向可以快速改变当前视图的视角。在按住【Shift】键的同时单击场景视图辅助工具，可以将视图在等距模式和透视模式之间进行切换，等距模式和透视模式类似于 3ds Max 中的用户视图与透视图的关系。图 5-12 左图所示为透视模式，右图所示为等距模式。

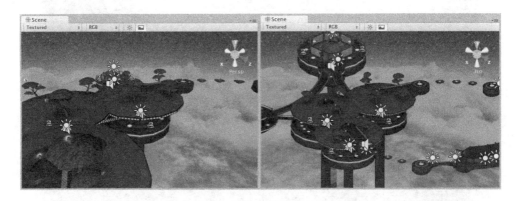

图 5-12　场景视图的透视模式与等距模式

在场景视图窗口上方是场景视图控制条，这里包括两个下拉菜单和两个按钮（见图 5-13）。第一个下拉菜单用来选择场景视图的显示模式，包括 Textured（纹理模式）、

Wireframe（线框模式）和 Tex-Wire（纹理线框叠加模式），这与 3ds Max 视图中的显示方式基本类似。第二个下拉菜单用来选择场景视图渲染模式，包括 RGB、Alpha、Overdraw、Mipmaps 4 种模式。无论是场景视图显示模式还是渲染模式，都只作用于当前视图，而不会对最终生成的游戏产生任何影响。后面的两个按钮分别为"场景照明"和"游戏叠加"按钮，启用"场景照明"按钮会让当前场景视图显示游戏中的实际光照效果；启用"游戏叠加"按钮则在场景视图中显示天空盒子（Skybox）、GUI（游戏界面）等对象元素。

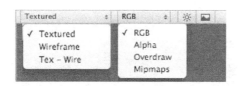

图 5-13　场景视图控制条

5.2.5　游戏视图窗口

游戏视图窗口用来模拟最终游戏的显示效果，该窗口需要在场景中放置摄像机才能启用。对于场景摄像机的设置，我们会在后面的章节中详细讲解。在设置好游戏场景摄像机后，可以通过工具栏中的播放按钮来启动游戏视图模式，从而模拟游戏中的实际操作效果（见图 5-14）。

图 5-14　Unity 引擎编辑器中的游戏视图窗口

在游戏视图窗口上方是游戏视图控制条,包括1个下拉菜单和3个按钮。下拉菜单用来对游戏视图显示比例进行设置,可以根据不同的显示器设置不同的显示长宽比。右侧的"Maximize on Play"按钮启用后,进入运行模式时将全屏幕最大化显示游戏视图。"Gizmos"按钮启用后,所有在场景视图中出现的Gizmos(场景中的可视化调试或辅助工具)也将出现在游戏视图画面中,其中包括使用任意Gizmos类函数生成的Gizmos。最后是"Stats"按钮,启用后将在游戏视图窗口中显示渲染统计的各种状态数值(见图5-15)。

图5-15 启用"Stats"按钮后生成的渲染统计数据

5.2.6 属性面板

Unity引擎编辑器所搭建的游戏世界场景是由多种游戏对象组成的,包括网格物体(模型)、脚本、声音、光照、粒子、物理特效等,而属性面板用于显示这些游戏对象的详细信息,包括所有的附加组件及它们属性的面板窗口。游戏物体的所有属性、参数、设置,甚至是脚本变量,都可以在属性面板中直接进行修改,而不必进行烦琐的脚本程序编写,如图5-16所示。这就是游戏引擎编辑器的强大之处,同时也是为了简化游戏研发流程,让美术和企划人员可以更好地进行游戏制作。关于属性面板的详细操作,我们会在后面的章节中具体讲解。

第 5 章　Unity 引擎编辑器基础讲解

图 5-16　属性面板

5.3　Unity 引擎编辑器软件菜单讲解

Unity 引擎编辑器的菜单栏共包含 8 个菜单选项：File（文件）、Edit（编辑）、Assets（资源）、GameObject（游戏对象）、Component（组件）、Terrain（地形）、Window（窗口）和 Help（帮助）。每个菜单分别对应了不同的功能操作，下面进行详细讲解。

5.3.1　File 菜单

File 菜单如图 5-17 所示，该菜单中的各个选项及其说明如表 5-1 所示。

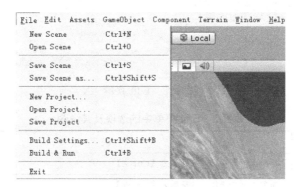

图 5-17　File 菜单

125

表 5-1　File 菜单中的选项及其说明

选　项	说　明
New Scene	创建新场景。Unity 为用户提供了方便的场景管理，用户可以随心所欲地创建出自己想要的游戏场景。快捷键为【Ctrl+N】
Open Scene	打开一个已经创建的场景。快捷键为【Ctrl+O】
Save Scene	保存当前场景。快捷键为【Ctrl+S】
Save Scene as	当前场景另存为。快捷键为【Ctrl+Shift+S】
New Project	新建一个项目。用户要想制作出自己的游戏，第一步就是创建游戏项目，游戏项目是所有游戏元素的基础，创建游戏项目之后用户就可以在其中添加自己的游戏场景了
Open Project	打开一个已经创建的项目
Save Project	保存当前项目
Build Settings	项目的编译设置。在编译设置选项中，用户可以选择游戏所在的平台及对项目中各个场景进行管理，可以添加当前的场景到项目的编译队列当中，其中 Player Settings 选项可以设置程序的图标、分辨率、启动画面等。快捷键为【Ctrl+Shift+B】
Build & Run	编译并运行项目。快捷键为【Ctrl+B】
Exit	退出 Unity 引擎编辑器

5.3.2　Edit 菜单

Edit 菜单如图 5-18 所示，该菜单中的各个选项及其说明如表 5-2 所示。

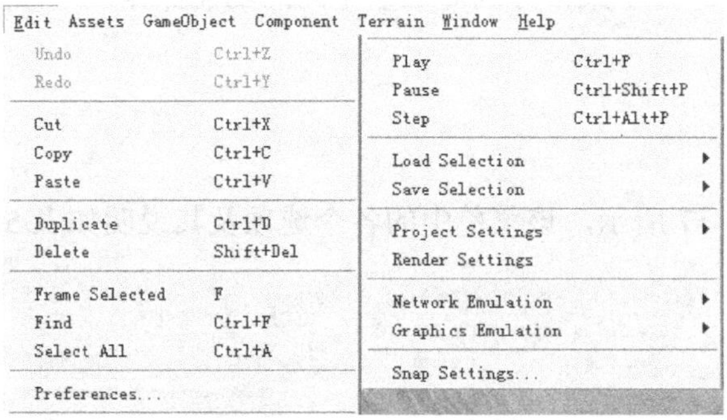

图 5-18　Edit 菜单

表 5-2　Edit 菜单中的选项及其说明

选　项	说　明
Undo	撤销上一步操作。快捷键为【Ctrl+Z】
Redo	重复上一步操作。快捷键为【Ctrl+Y】
Cut	剪切。快捷键为【Ctrl+X】
Copy	复制。快捷键为【Ctrl+C】

续表

选项	说明
Paste	粘贴。快捷键为【Ctrl+V】
Duplicate	复制并粘贴。快捷键为【Ctrl+D】
Delete	删除。快捷键为【Shift+Del】
Frame Selected	选中一个物体后，把视角迅速定位到这个选中的物体上。快捷键为【F】
Find	查找资源。快捷键为【Ctrl+F】
Select All	选择所有资源。快捷键为【Ctrl+A】
Preferences	选项设置。对 Unity 的一些基本设置，如选用外部的脚本编辑、界面皮肤颜色的设置及用户快捷键的设置等
Play	在游戏视图中运行制作好的游戏。快捷键为【Ctrl+P】
Pause	停止游戏运行。快捷键为【Ctrl+Shift+P】
Step	逐帧运行游戏。快捷键为【Ctrl+Alt+P】
Load Selection	载入所选
Save Selection	保存所选
Project Settings	项目设置。其中包括输入设置、标签设置（为场景中的元素设置不同类型的标签，方便场景的管理）、音频设置、运行的时间设置、用户设置、物理设置、渲染品质设置、网络管理、编辑器管理等
Render Settings	渲染设置
Network Emulation	网络仿真
Graphics Emulation	图形仿真
Snap Settings	快照设置

5.3.3 Assets 菜单

Assets 菜单如图 5-19 所示，该菜单中的各个选项及其说明如表 5-3 所示。

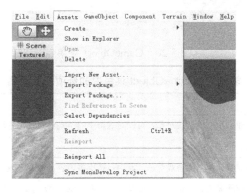

图 5-19 Assets 菜单

表 5-3　Assets 菜单中的选项及其说明

选　项	说　明
Create	创建功能。可以用来创建各种脚本、动画、材质、字体、贴图、物理材质、GUI 皮肤等
Show in Explorer	打开资源所在的目录位置
Open	打开选中的文件
Delete	删除选中的资源文件
Import New Asset	导入新资源
Import Package	导入资源包。当创建项目工程时,有些资源包没有导入进来,如果在开发过程中需要使用,则可以应用此命令
Export Package	导出资源包
Find References In Scene	在场景中寻找参考
Select Dependencies	选择依赖
Refresh	刷新。快捷键为【Ctrl+R】
Reimport	重新导入资源
Reimport All	全部重新导入
Sync MonoDevelop Project	同步开发项目

5.3.4　GameObject 菜单

GameObject 菜单如图 5-20 所示,该菜单中的选项及其说明如表 5-4 所示。

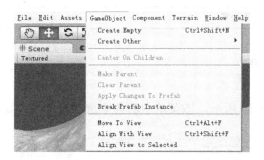

图 5-20　GameObject 菜单

表 5-4　GameObject 菜单中的选项及其说明

选　项	说　明
Create Empty	创建一个空的游戏对象。可以对这个空的游戏对象添加各种组件。快捷键为【Ctrl+Shift+N】
Create Other	创建其他类型的游戏对象。其中包括很多内容,基本上囊括了 Unity 所支持的所有对象,包括粒子系统、摄像机、界面文字、界面贴图、3D 的文字效果、点光源、聚光灯、平行光、长方体、球、包囊、圆柱体、平面、音频、树、风力等

续表

选项	说明
Center On Children	这个命令是作用在父物体节点上的,即把父物体节点的位置移动到子节点的中心位置
Make Parent	创建父子关系。选中多个物体后,执行这个命令可以将选中的物体组成父子关系,其中在层级视图中最上面的为父物体,其他为父物体的子物体
Clear Parent	清除父子关系
Apply Changes To Prefab	应用变更为预置
Break Prefab Instance	取消预置
Move To View	移动到视图。把选中的物体移动到当前视图的中心位置,这样就可以快速定位。快捷键为【Ctrl+Alt+F】
Align With View	对齐视图。把选中的物体与视图平面对齐。快捷键为【Ctrl+Shift+F】
Align View to Selected	把视图移动到选中物体的中心位置

5.3.5 Component 菜单

Component 菜单中的选项及其说明如表 5-5 所示。

表 5-5 Component 菜单中的选项及其说明

选项	说明
Mesh	添加网格属性
Particles	粒子系统
Physics	物理系统
Audio	音频
Rendering	渲染
Miscellaneous	杂项
Scripts	脚本
Camera-Control	摄像机控制

5.3.6 Terrain 菜单

Terrain 菜单中的选项及其说明如表 5-6 所示。

表 5-6 Terrain 菜单中的选项及其说明

选项	说明
Creat Terrain	创建地形
Import Heightmap-Raw	导入高度图
Export Heightmap-Raw	导出高度图

续表

选 项	说 明
Set Resolution	设置分辨率
Mass Place Trees	批量种植树
Flatten Heightmap	展平高度图
Refresh Tree And Detail Prototypes	刷新树及预置细节

5.3.7　Window 菜单

Window 菜单中的选项及其说明如表 5-7 所示。

表 5-7　Window 菜单中的选项及其说明

选 项	说 明
Next Window	下一个窗口。快捷键为【Ctrl+Tab】
Previous Window	前一个窗口。快捷键为【Ctrl+Shift+Tab】
Layouts	布局
Scene	场景窗口。快捷键为【Ctrl+1】
Game	游戏窗口。快捷键为【Ctrl+2】
Inspector	属性面板。快捷键为【Ctrl+3】
Hierarchy	层级面板。快捷键为【Ctrl+4】
Project	项目面板。快捷键为【Ctrl+5】
Animation	动画窗口。快捷键为【Ctrl+6】
Particle Effect	粒子特效窗口。快捷键为【Ctrl+7】
Profiler	探查窗口。快捷键为【Ctrl+8】
Asset Store	资源库。快捷键为【Ctrl+9】
Asset Server	资源服务器。快捷键为【Ctrl+0】
Lightmapping	光影贴图
Occlusion Culling	遮挡剔除。当一个物体被其他物体遮挡而不在摄像机的可视范围内时，不对其进行渲染
Navigation	导航
Console	控制台。快捷键为【Ctrl+Shift+C】

5.3.8　Help 菜单

Help 菜单中的选项及其说明如表 5-8 所示。

表 5-8 Help 菜单中的选项及其说明

选　　项	说　　明
About Unity	关于 Unity
Enter Serial Number	输入序列号
Unity Manual	Unity 手册
Reference Manual	参考手册
Scripting Reference	脚本参考
Unity Forum	Unity 论坛
Unity Answers	Unity 问答
Unity Feedback	Unity 反馈
Welcome Screen	欢迎窗口
Check for Updates	检测更新
Release Notes	发行说明
Report a Bug	反馈 Bug

第6章

Unity 引擎编辑器的系统功能

Unity 引擎编辑器的界面、菜单和命令的操作非常直观，这有利于游戏制作人员对 Unity 引擎编辑器的学习和掌握，而 Unity 引擎编辑器自身的系统功能，如地形编辑功能、模型编辑功能、光源系统、材质系统、粒子和动画系统、物理系统、脚本系统等，相对于 Unreal、Cry 等当今主流大型游戏引擎来说丝毫不显弱势。本章我们主要针对 Unity 引擎编辑器的系统功能进行讲解，让大家对 Unity 引擎编辑器的系统功能有一个整体的了解和认识。

6.1 地形编辑功能

作为任何一款游戏引擎的编辑器而言，最重要的功能就是创建游戏场景，而所有游戏场景的制作都基于场景的地形地貌，所以游戏引擎编辑器的地形编辑功能是所有系统功能中最为核心与基础的功能。Unity 引擎编辑器的地形编辑功能主要包括场景地形的创建与绘制、地表贴图的绘制、地面树木的绘制、草地植被及网格物体的绘制、场景地形参数设置五大方面。

在 Unity 引擎编辑器中单击 Terrain 菜单，执行该菜单中的 Create Terrain 命令可以创建一个新的场景地形，同时我们可以利用菜单中的其他命令对地形进行相应的设置，如图 6-1 所示。

第 6 章 Unity 引擎编辑器的系统功能

图 6-1　利用菜单命令创建场景地形

场景地形创建完成后，在视图右侧的属性面板中会出现地形编辑器的窗口。地形编辑器主要包括 5 个面板：Transform（变形）、Terrain（地形）、Brushes（笔刷）、Settings（设置）和 Terrain Collider（地形碰撞），如图 6-2 所示。

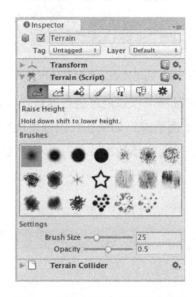

图 6-2　属性面板中的地形编辑器

Transform 面板主要对地形的位置、旋转和缩放比例进行设置，地表平面的相关数据通常利用 Terrain 菜单中的命令来设置，在 Transform 面板中一般不做任何设置；Terrain、Brushes 和 Settings 面板是进行地形编辑时最常用的 3 个面板，Terrain 面板用来选择地形编辑的方式，Brushes 面板用来选择绘制笔刷的形状，而 Settings 面板则对笔刷大小、力度等参数进行设置；Terrain Collider 面板用来对地形的物理碰撞进行设置，一般默认状态即可。

在 Terrain 面板中，从左侧开始，第一个按钮为 Raise & Lower Terrain Height（拉升和降低地形高度）按钮，当该按钮被激活后，通过选择合适的笔刷和设置笔刷的力度及范围可以进行地表绘制，在视图中利用鼠标左键可以拉升地形（见图 6-3）。

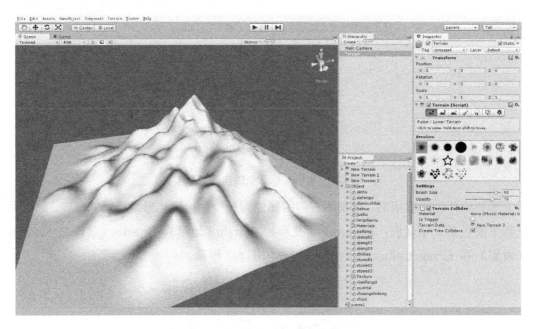

图 6-3　利用笔刷工具拉升地形的效果

按住【Shift】键的同时按鼠标可以对地形进行降低操作,在默认状态下降低操作最大可以将地形还原为初始的平面状态。如果在开始创建地形时,利用 Terrain 菜单中的 Flatten Heightmap 命令将地形平面整体抬高,就可以利用【Shift】键将地形制作出凹陷效果(见图 6-4)。

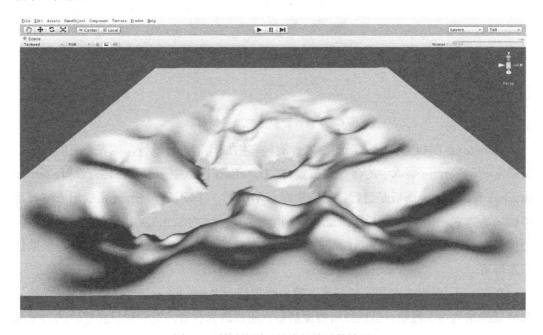

图 6-4　利用笔刷工具降低地形的效果

第 6 章　Unity 引擎编辑器的系统功能

第二个按钮为 Paint Height（高度绘制）按钮，用来绘制指定高度的地形。当该按钮被激活后，可以通过 Settings 面板设置想要绘制的高度，然后用鼠标左键绘制地形，这时地形绘制的表面会向指定的高度进行拉升操作，直到到达指定高度位置，最终形成类似于高地平台的地形地貌（见图 6-5）。

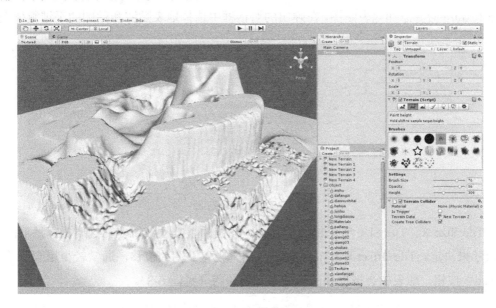

图 6-5　利用绘制高度笔刷编辑地形的效果

第三个按钮是 Smooth Height（光滑高度）按钮，当该按钮被激活后，可以通过笔刷绘制的方式对地形进行柔化处理，让地形产生平滑的过渡效果（见图 6-6）。

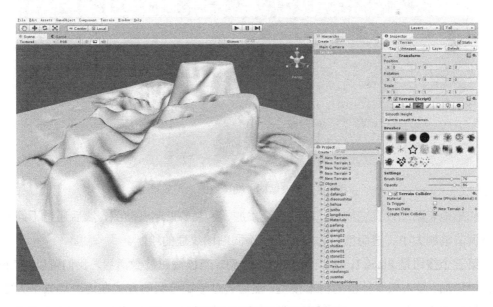

图 6-6　利用光滑笔刷柔化地形的效果

以上就是地形绘制的 3 种基本模式，通过不同的笔刷和参数的相互配合来制作出游戏场景中的地形和山脉。

第四个按钮为 Paint Texture（纹理绘制）按钮，用来对制作完成的地形场景进行地表贴图绘制。激活该按钮后会在下方出现 Textures 面板，通过 Edit Textures 按钮下的 Add Texture 命令添加地表贴图，在弹出的对话框中选择地表贴图和贴图的平铺数值（见图 6-7）。

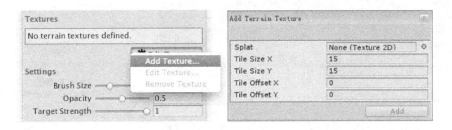

图 6-7 添加地表贴图

Tile Size X、Tile Size Y 平铺数值越大，贴图的重复次数越多，这要根据地形的实际尺寸来决定。Tile Offset X、Tile Offset Y 用来设置贴图的位移，通常较少用到。单击"Add"按钮，地表就会被选择的初始贴图所覆盖（见图 6-8）。

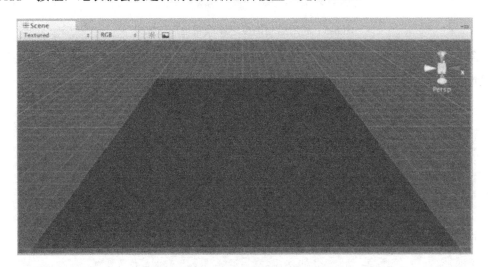

图 6-8 地表贴图平铺覆盖的地形效果

初始地表贴图设置完成后，可以继续添加、导入多张地表贴图，然后通过不同的笔刷及调节笔刷大小、透明度、力度等进行不同贴图纹理的绘制。

第五个按钮是 Place Trees（种植树木）按钮，当该按钮被激活后，我们可以在 Trees 面板中添加、导入想要种植的树木模型，然后通过笔刷绘制的方式在地表场景中大面积"种植"树木模型，如图 6-9 所示。按住【Shift】键可以对绘制结果进行擦除操作。

图 6-9 在地表场景中"种植"树木模型

在 Settings 面板中共有 7 项参数设置，各项参数及其功能说明如表 6-1 所示。

表 6-1 Settings 面板中的参数及其功能说明

参数名称	中文含义	功能说明
Brush Size	笔刷大小	笔刷范围的大小
Tree Density	笔刷密度	树之间间距（密度）的大小
Color Variation	颜色变化	树之间颜色的差异变化范围
Tree Height	树木高度	树木的整体高度
Variation	高度变化	树之间高度的差异变化范围
Tree Width	树木宽度	树木的整体宽度
Variation	宽度变化	树之间宽度的差异变化范围

在 Terrain 面板中，第六个按钮为 Paint Details（细节绘制）按钮，主要用来绘制地表草地植被与岩石。该按钮被激活后，在 Details 面板中可以通过 Add Grass Texture 和 Add Detail Mesh 命令分别添加草地模型与岩石模型，执行添加命令后分别弹出"Add Grass Texture"和"Add Detail Mesh"对话框，如图 6-10 所示。每个对话框中的参数及其功能说明如表 6-2 和表 6-3 所示。

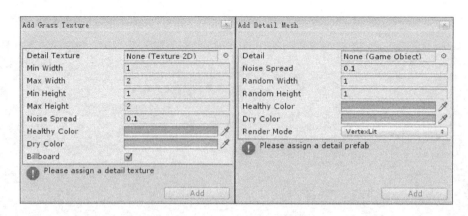

图 6-10 "Add Grass Texture"和"Add Detail Mesh"对话框

表 6-2 "Add Grass Texture"对话框中的参数及其功能说明

参数名称	中文含义	功能说明
Detail Texture	细节纹理	选择草的纹理贴图
Min Width	最小宽度	每张草贴图面片的最小宽度
Max Width	最大宽度	每张草贴图面片的最大宽度
Min Height	最小高度	每张草贴图面片的最小高度
Max Height	最大高度	每张草贴图面片的最大高度
Noise Spread	噪声传播	决定地表草地宽高范围的噪波数值。数值越小,草地宽高变化幅度范围越小
Healthy Color	健康颜色	正常草的主体颜色
Dry Color	干草颜色	草的变化颜色,草地整体会在主色与干色之间产生过渡变化
Billboard	广告牌	勾选这个选项,草贴图面片将总面对摄像机视角旋转

表 6-3 "Add Detail Mesh"对话框中的参数及其功能说明

参数名称	中文含义	功能说明
Detail	模型元件	选择绘制的模型元件
Noise Spread	噪声传播	模型随机宽高范围的噪波数值。数值越小,模型变化幅度范围越小
Random Width	随机宽度	在限定的宽度内产生随机宽度的模型
Random Height	随机高度	在限定的高度内产生随机高度的模型
Healthy Color	健康颜色	模型的主体颜色
Dry Color	干颜色	模型的变化颜色
Render Mode	渲染模式	模型的渲染模式,分为草灯光渲染和顶点灯光渲染两种,通常选择顶点灯光渲染模式

完成各自的参数设定后,通过选择合适的笔刷及笔刷设置就可以进行地表草地和岩石的绘制。单击进行绘制,按住【Shift】键单击可以对绘制对象进行擦除操作。草地模型和岩石模型的绘制效果如图 6-11 所示。在实际游戏项目的制作中,我们通常使用的是地表草地的绘制功能,而对于岩石等模型元素的绘制较少使用。因为在游戏场景的制

作中，岩石等模型元素的摆放并不像草那样随意，需要根据地形和场景的不同进行针对性的制作，通常由场景美术师通过手动操作来完成。

图 6-11　草地模型和岩石模型的绘制效果

Terrain 面板中最后一个按钮是 Terrain settings（地形设置）按钮，主要包括对地形光照的设置、树草模型元件的显示设置、风力速度和大小等参数的设置，具体操作会在后面的章节中详细讲解。

6.2　模型编辑功能

在 Unity 引擎编辑器中完成场景地形的制作后，下一步就需要利用大量三维模型去充实游戏场景。三维模型的制作并不是在 Unity 引擎编辑器中完成的，而是事先利用三维制作软件制作完成后再导入 Unity 引擎编辑器中。

Unity 引擎支持 3ds Max、Maya、LightWave、Cinema 4D 等主流三维制作软件制作的三维模型，可以读取诸如.FBX、.dae（Collada）、.3ds、.dxf 及.obj 等文件格式。对于 3ds Max 来说，通常将制作完成的三维模型导出为.FBX 格式，然后将.FBX 文件及贴图放置在 Unity 的资源文件夹下，这样就可以在 Unity 引擎编辑器中导入、读取制作完成的三维模型（见图 6-12）。

将三维模型导入 Unity 引擎编辑器中后，可以通过属性面板对三维模型进行编辑操作，包括模型位置、旋转和缩放的设置、渲染模式及光影效果的设置、模型动画设置、物理碰撞设置，以及贴图材质的指定等，具体的操作方法会在后面的章节中详细讲解。

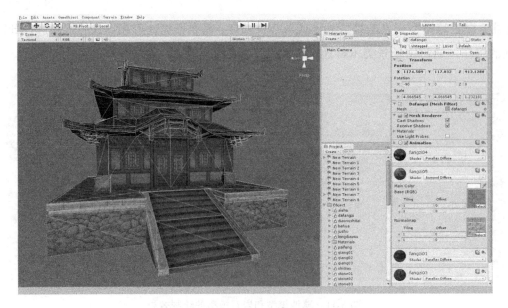

图 6-12　将三维模型导入 Unity 引擎编辑器中

6.3　光源系统

　　三维影像技术最初诞生的原因就是想给人们带来一种全新的视觉传达理念，将原本平面的视觉图像进行全方位立体化的处理，让其更具备真实性。对于三维游戏技术来说，其真实性不仅仅体现在图像的立体化效果上，随着三维游戏引擎技术的发展，越来越多的拟真物理效果被应用到游戏制作当中，比如模拟真实世界的物理效果和碰撞效果，模拟现实世界中的声音传播效果等。对于三维游戏画面影像来说，最大的突破就在于高度拟真的光源系统。三维游戏引擎中的光源系统可以完全模拟自然界中的光线传播效果，比如光的照射、折射、衍射、反射等物理特性，甚至可以随着时间和场景进行实时变化。下面我们就来了解一下 Unity 引擎中的光源系统。

　　在讲解 Unity 引擎中的光源系统之前，我们先来了解一下游戏中常见的光源形式。依照光源原理来区分，游戏场景中的光源主要分为自然光源和人工光源两大类。自然光源主要指在游戏虚拟场景世界中自然环境所产生的光源效果，比如日光。人工光源是指在游戏中人为制造的光源效果，比如火把、灯光等。自然光源通常作为游戏场景的主光源，主要用于整体照亮场景，模拟真实的光影效果。人工光源可以作为场景辅助光源，对游戏场景进行局部照亮，或者作为特殊场景下的效果光源而存在。

　　在 Unity 引擎编辑器中，可以通过 GameObject 菜单下的 Create Other（创建其他）命令来创建场景灯光（见图 6-13）。

第 6 章　Unity 引擎编辑器的系统功能

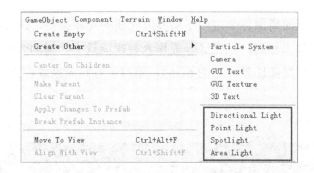

图 6-13　在 Unity 引擎编辑器中创建场景灯光

Unity 引擎可以创建 Directional Light（方向光）、Point Light（点光源）、Spotlight（聚光灯）、Area Light（区域光源）4 种形式的光源。方向光、点光源和聚光灯通常作为游戏场景中的实时光源，而区域光源一般不作为场景实时光源使用，主要用于制作场景光影烘焙贴图。点光源、聚光灯、方向光的照射方式和范围如图 6-14 所示。

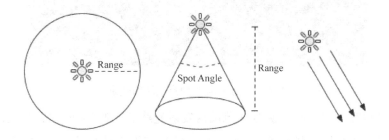

图 6-14　点光源、聚光灯、方向光的照射方式和范围

方向光通常作为游戏场景中的主光源，用来模拟自然场景中的日光或月光，对场景中所有模型物体都产生光影投射（见图 6-15）。方向光对于硬件图形处理耗费的资源最少。

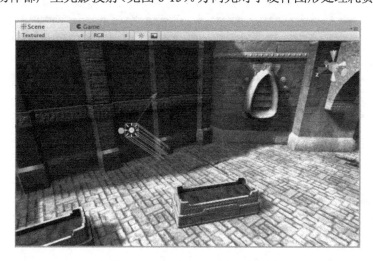

图 6-15　游戏场景中方向光的效果

141

点光源是从一点向周围各个方向平均发散光线的光源类型，跟 3ds Max 灯光系统中的 Omni 灯功能基本相同。点光源一般作为游戏场景中的辅助光源，通常作为火把、灯光或特效光来照亮局部场景（见图 6-16）。相对于方向光来说，点光源相对耗费较多的硬件资源。

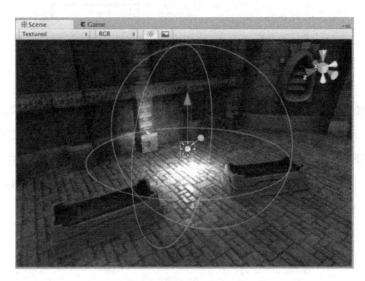

图 6-16　游戏场景中点光源的效果

聚光灯是按照一定方向在圆锥体范围内发射光线的光源类型，与 3ds Max 灯光系统中的聚光灯基本相同。在游戏场景中，聚光灯也作为辅助光源存在。相对于点光源来说，聚光灯这种光源类型在游戏场景中应用比较少，一般常用于表现汽车车头灯或特殊灯柱（见图 6-17）。相对于前两种光源来说，聚光灯最耗费硬件资源。

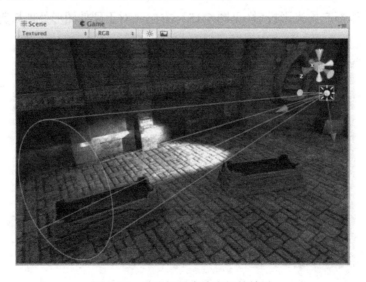

图 6-17　游戏场景中聚光灯的效果

在 Unity 引擎编辑器中创建出光源后，可以在属性面板的 Light 面板中对其属性和参数进行设置（见图 6-18）。

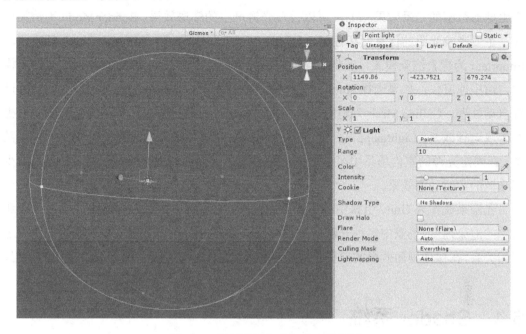

图 6-18　属性面板中的灯光参数设置

在 Light 面板中，Type 用来选择光源类型，分为方向光、点光源、聚光灯 3 种。Range 用来设定光源的照射范围。Color 用来设置光源的光照颜色。Intensity 为光照强度，点光源和聚光灯的默认值为 1，方向光的默认值为 0.5。Cookie 可以为光源添加一个 Alpha 贴图作为遮罩，如果光源为聚光灯或方向光，则遮罩为 2D 贴图；如果光源为点光源，则遮罩为立方图（Cubemap）。图 6-19 所示为 3 种不同光源的遮罩效果。

图 6-19　3 种不同光源的遮罩效果

Shadow Type 为光线照射的阴影类型，可以设置阴影的硬度、分辨率、偏移、柔化等参数；阴影显示越精细，越耗费硬件资源。Draw Halo 选项如果被勾选，则光线将会产生球形范围的光晕效果。Flare 可以设置光源产生的耀斑效果。Render Mode 为渲染模式，主要影响光照的保真度和性能，分为 Auto、Important 和 No important 3 种模式。Important 为像素渲染模式，渲染效果最好，但也最费资源；No important 为顶点渲染模式，渲染速度快；如果选择 Auto 模式，则会根据场景和光源情况在实际运行游戏时进行自动处理。Culling Mask 为消隐遮罩，可以有选择性地让游戏对象不受光照影响，提高游戏运行效率。Lightmapping 为光照贴图模式，可以将场景的光影效果固化为模型贴图，在固定光源的室内场景中可以选择这种方式来实现游戏的最高效运行，缺点是缺少了光源的实时动态效果。

光源系统作为 Unity 引擎中的重要系统之一，它直接决定了游戏最终的画面效果和引擎的渲染速度，场景中多种光源的配合应用必须要权衡好光照质量和游戏运行速度之间的关系，在保证画面效果的前提下尽量多用顶点渲染模式，减少像素渲染模式的使用。

6.4 Shader 系统

Shader 行业术语称为"着色器"，它其实是一段针对 3D 对象进行操作，并被计算机 GPU（图形处理器）所执行的程序代码，通过这些程序代码可以获得绝大部分 3D 图形效果。Shader 分为 Vertex Shader（顶点着色器）和 Pixel Shader（像素着色器）两种，其中 Vertex Shader 主要负责顶点的几何关系的运算；Pixel Shader 主要负责片源颜色的计算。着色器替代了传统的固定渲染管线，可以实现绝大多数的 3D 图形计算。由于其具有可编辑性，因此可以实现各种各样的图像效果而不受显卡固定渲染管线的限制，这极大地提高了图像画面的画质。在微软公司发布 DirectX 8.0 时，Shader Model（优化渲染引擎模式）的概念得到推广，从那时起 Shader 技术就广泛应用在游戏制作领域中。

传统意义上的 Vertex Shader 和 Pixel Shader 都是使用标准的 Cg/HLSL 编程语言所编写的，而 Unity 引擎中的 Shaders 是使用一种叫 ShaderLab 的语言编写的，它同微软的.FX 文件或 NVIDIA 的 CgFX 有些类似。Unity 引擎自带 60 多个着色器，这些着色器被分为五大类：Normal、Transparent、Transparent Cutout、Self-Illuminated 和 Reflective。

其中，Normal 为标准着色器，适用于普通不透明的纹理对象；Transparent 为透明着色器，适用于带有 Alpha 透明等级贴图通道的部分透明的对象；Transparent Cutout 为透明剪影着色器，适用于拥有完全不透明和完全透明区域的对象，比如用 Alpha 贴图制作的栅栏面片模型；Self-Illuminated 为自发光着色器，适用于有发光部件的对象；

Reflective 为反射着色器，适用于自身不透明但能够反射外界的纹理对象，例如镜子。

本节我们主要针对 Normal Shader 进行详细讲解，在这个 Shader 家族中共包括 9 个 Shader，都是针对不透明对象的。

1．Vertex-Lit

Vertex-Lit 是非常简单的 Shader 之一，光源只在顶点计算，不会有任何基于像素渲染的效果。Vertex-Lit Shader 对模型的剖分非常敏感，假如将一个点光源放在靠近立方体的一个顶点处，同时对立方体使用这个 Shader，则光源只会在角落计算（见图 6-20）。Vertex-Lit Shader 的渲染速度快，对硬件消耗低，在它下面包含 2 个 Subshader（次级着色器），分别对应可编程管线和固定管线的着色器，满足不同的硬件处理需要。

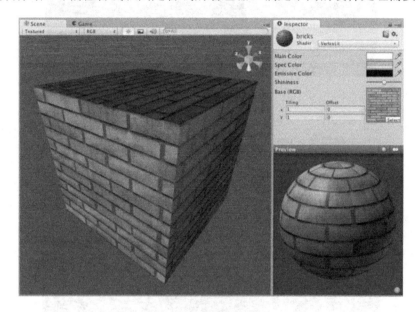

图 6-20　Vertex-Lit Shader

2．Diffuse

Diffuse 是一个像素渲染着色器，基于 Lambertian 光照模型，如图 6-21 所示。当光线照射到模型物体表面时，光照强度随着物体表面和光入射夹角的减小而减小；当光线垂直于物体表面时，光照强度最大。光照强度只和角度有关，和摄像机无关。Diffuse Shader 需要设备支持可编程管线，如果设备不支持，则自动使用 Vertex-Lit Shader。相对来说，Diffuse Shader 的渲染速度也比较快，硬件消耗低。

3．Specular

Specular 使用和 Diffuse 相同的光照模型，但添加了一个和观察角度相关的反射高光（见图 6-22）。这个被称为 Blinn-Phong 的光照模型包含的反射高光的强度与物体表面角度、光的入射角度及观察者角度都有关系，这种高光计算方法实际上是对实时光源模糊反射的一种模拟，模糊的等级通过属性面板中的 Shininess 参数来控制。

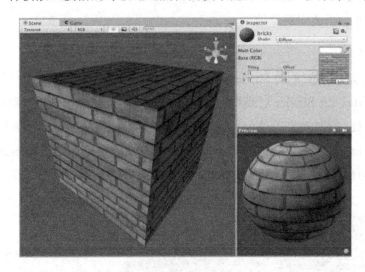

图 6-21　Diffuse Shader

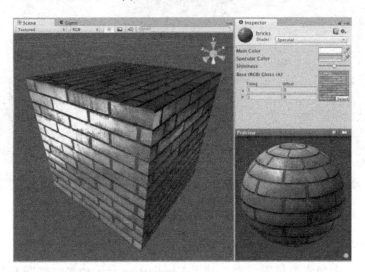

图 6-22　Specular Shader

模型贴图中的 Alpha 通道被用来当作 Specular Map（高光图）使用，它定义了物体的反光率，模型贴图中 Alpha 通道全黑的部分将完全不反光（反光率为 0%），而全白的部分反光率为 100%。这在制作同一物体在不同部分有不同的反光率时非常有用，比如金属物体中锈迹斑斑的部分反光率低，而光亮部分反光率比较高。再如，角色模型口红的反光率比皮肤高，而皮肤的反光率比棉质衣服高。Specular Shader 可以大大提升游戏画面的效果，同样需要设备支持可编程管线，否则自动使用 Vertex-Lit Shader。Specular Shader 的渲染速度相对较慢，资源耗费较高。

4. Bumped Diffuse

同 Diffuse Shader 一样，Bumped Diffuse Shader 也基于 Lambertian 光照模型，同时使用了法线贴图技术来增加物体的表面细节。相对于通过增加剖分来表现物体表面细节的方式，法线贴图并不改变物体的形状，而是使用法线贴图来达到这种效果。在法线贴图中，每个像素的颜色代表了该像素所在物体表面的法线，然后通过法线来计算光照，实现模型表面的凹凸效果（见图 6-23）。可以通过 CrazyBump 等插件将模型贴图转化生成法线贴图。如果硬件设备不支持法线贴图，则会自动调用 Diffuse Shader。相对来说，法线贴图 Shader 的渲染速度较快。

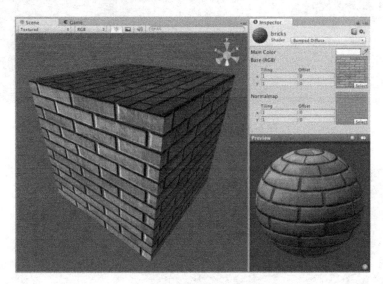

图 6-23 Bumped Diffuse Shader

5. Bumped Specular

Bumped Specular Shader 相当于在 Bumped Diffuse 的基础上增加了 Specular 的高光照射效果（见图 6-24），相比普通的 Specular Shader 而言，它又通过添加法线贴图来增加模型物体细节。如果调用失败，则会自动使用 Specular Shader。相对而言，Bumped Specular Shader 的渲染代价比较大。

6. Parallax Diffuse

Parallax Diffuse Shader 与传统的法线贴图一样，但是对"深度"的模拟效果更好，这是通过 Height Map（高度图）来实现的（见图 6-25）。Height Map 在法线贴图的 Alpha 通道中保存，全黑表示没有高度，而白色表示有高度，通常用来表现石头或砖块间的裂缝。Parallax Diffuse Shader 的渲染代价相比 Bumped Diffuse Shader 而言更大。如果调用失败，则会自动使用 Bumped Diffuse Shader。

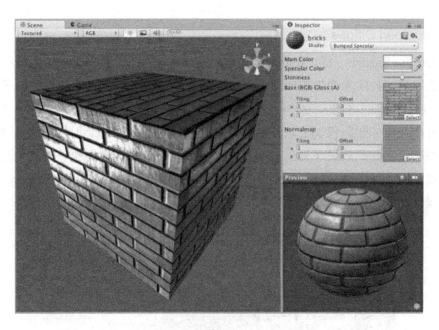

图 6-24 Bumped Specular Shader

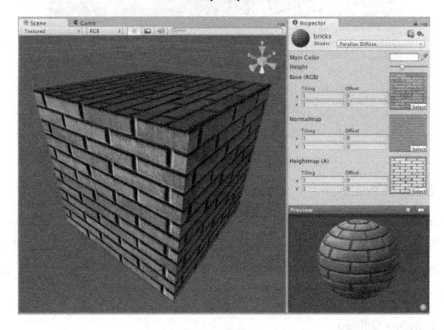

图 6-25 Parallax Diffuse Shader

7. Parallax Specular

与 Bumped Spcular 相比，Parallax Specular 增加了 Height Map 来刻画深度细节；与 Parallax Diffuse 相比，其又增加了高光照射（见图 6-26），所以 Parallax Specular 的显示效果十分出色，但硬件消耗非常大。如果调用失败，则会自动使用 Bumped Specular Shader。

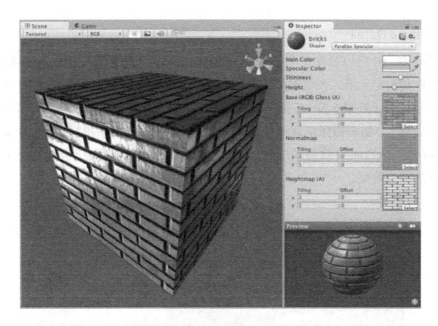

图 6-26　Parallax Specular Shader

8. Decal

Decal 可以制作贴图叠加的效果，除主纹理外，其还可以用第二张纹理贴图来增加细节。Decal 纹理可以使用带有 Alpha 通道的贴图来覆盖主纹理，比如有一个砖砌的墙壁，可以使用砖块贴图作为主纹理，然后使用带有 Alpha 通道的 Decal 纹理在墙壁的不同地方进行涂鸦（见图 6-27）。

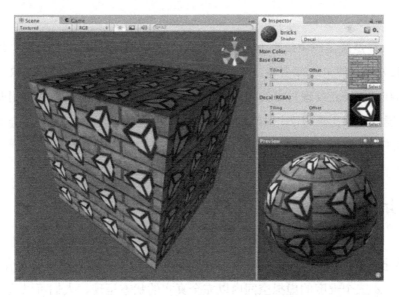

图 6-27　Decal Shader

9. Diffuse Detail

Diffuse Detail 可以看作一个普通的 Diffuse Shader 附加额外贴图纹理的 Shader 效果，它允许我们定义第二张纹理贴图（Detail Texture），当摄像机靠近时，Detail Texture 才逐渐显示出来（见图 6-28）。在地形制作中，比如我们将一张低分辨率的纹理贴图添加到整个地形上，随着摄像机逐渐拉近，低分辨率的纹理会逐渐模糊，为了避免这种情况，可以创建一张 Detail 纹理贴图，它会将地形逐渐细分，然后随着摄像机逐渐拉近显示出额外的细节效果。

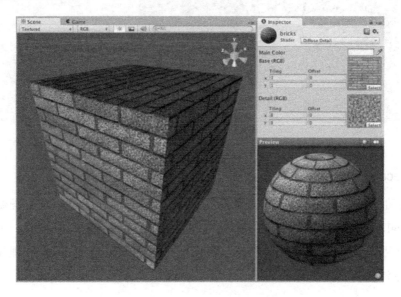

图 6-28 Diffuse Detail Shader

Detail 纹理是覆盖在主纹理上面的，Detail 纹理中深色的部分将会使主纹理变深，而淡色的部分将会使主纹理变亮。与 Decal 纹理不同的是，Decal 纹理是 RGBA，通过 Alpha 通道控制 Decal 纹理与主纹理的融合；而 Detail 纹理是 RGB，直接用两张纹理贴图的 RGB 通道相乘再乘以 2，也就是说 Detail 纹理中颜色数值"=0.5"不会改变主纹理颜色，">0.5"会变亮，"<0.5"会加深。

6.5　Unity 粒子系统

在三维技术成熟以后，我们可以通过三维模型制作出立体空间的物体结构，三维模型在 X、Y、Z 三个维度的虚拟空间内以完全真实的状态呈现，人们可以从不同的角度观察模型物体，即使观察视角以外的模型部分，也客观完整存在。对于具象化三维模型的制作技术，从一开始便得到了很好的解决，但在游戏世界中还有另一类物体，它们相对来说比较抽象，没有固定的外形，比如火焰、水滴、烟雾等，因此无法用传统的三维建模方式来制作，原本在二维动画中很容易解决的技术问题在三维世界中却成了难题。针对所面临的这些问题，三维程序设计师另辟蹊径，开发出了三维粒子系统，粒子的本质就是在三维空间中通过对 2D 图像的渲染来实现层次感和立体化的效果。

三维技术发展至今，三维建模技术早已趋于成熟，而粒子系统却在不断改进和发展。无论是三维制作软件还是 3D 游戏引擎，研发厂商都想在自己每一代的软件中展示出具有超越性的粒子系统，粒子系统也成为三维制作体系中一个至关重要的方面。一个常规的三维粒子系统必须具备粒子发射器、粒子动画和粒子渲染三大部分，要想制作出动态的粒子效果，三者缺一不可。粒子发射器负责产生粒子，粒子渲染负责特效的最终呈现，利用这两者可以制作出静态的粒子效果，而粒子动画才是真正让粒子实现动态效果的关键，其也是现在粒子系统中最为复杂的部分。强大的粒子系统可以实现粒子动画的逻辑化运动流程，甚至可以让粒子具备一定的智能化形态。

Unity 初期的粒子系统相对来说不算特别强大，可以制作出游戏中用到的绝大多数粒子特效，比如火焰、烟雾、浪花、爆炸、法术效果等（见图 6-29）。在 Unity 引擎发布 4.0 版本时，将自身的粒子系统重新命名为 Shuriken（忍者镖），并大幅度优化了粒子的碰撞检测，支持多线程处理，相应也提升了粒子动画的功能特性。

图 6-29　利用 Unity 引擎制作的粒子特效

在 Unity 引擎编辑器中，可以通过在 GameObject 菜单中执行 Create Other 命令来创建粒子系统，也可以创建一个空的游戏对象，然后通过在 Component 菜单中执行 Effects 命令来添加粒子系统组件。创建出的粒子可以通过属性面板进行相关参数的设置，包括粒子发射器参数设置、粒子动画设置、粒子渲染设置及粒子碰撞设置四大方面，对于具体的功能和参数会在后面的章节中详细讲解。

6.6 动画系统

通常来说，游戏引擎中的动画系统主要承担了模型动画剪辑、编辑、衔接和管理的任务，因为三维模型动画的细节制作并不是在游戏引擎编辑器中完成的，而是需要在三维制作软件中进行制作，然后导入游戏引擎编辑器中。Unity 引擎中内置了一套功能强大的动画系统——Mecanim，它是一个完整的游戏动画解决方案，与 Unity 引擎原生集成，对动画进行优化处理，以便在 Unity 引擎中运行。Mecanim 可以在编辑器中得到直接创建和构建肌肉剪辑、混合树、状态机和控制器所需的全部工具和工作流程。Mecanim 系统主要有以下特色：

（1）为人形角色动画制作提供简单的工作流程。

（2）具有动画重定向功能，能够把一个动画剪辑应用到多个不同的模型角色上。

（3）提供便捷的动画片段剪辑、编辑、交互、预览工作流程。

（4）使用可视化的编辑工具对游戏动画间的复杂交互进行管理（见图 6-30）。

（5）对于角色动画身体的不同部位使用不同的逻辑动画控制。

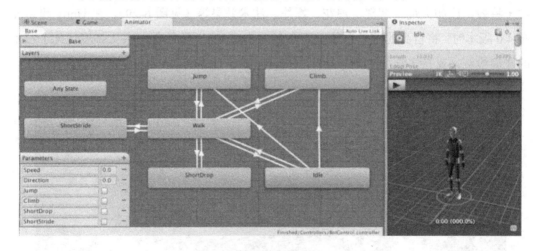

图 6-30 可视化的编辑工具

Mecanim 系统的工作流程主要分为三个阶段：

（1）资源准备和导入工作，游戏动画师利用 3ds Max 等三维制作软件制作动画的细节，然后将模型和动画文件进行导出。

（2）在 Unity 引擎编辑器中对角色模型进行配置，Mecanim 系统提供专门的工具对模型本身进行相关设置，为下一步动画的指定做准备。

（3）为模型角色指定动画，让其实现运动，包括设定动画剪辑和它们之间的交互、动画状态机和混合树的设定（见图 6-31）、利用代码控制动画等。

第 6 章　Unity 引擎编辑器的系统功能

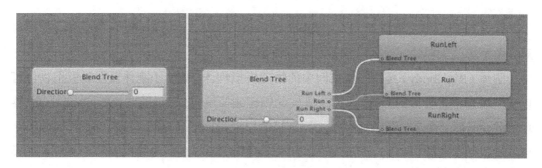

图 6-31　动画混合树的操作界面

游戏引擎中的高级动画系统主要是针对角色模型而言的，对于游戏场景制作来说，主要制作旗帜飘舞、门的开闭、模型位移旋转、UV 动画及场景道具模型动画等效果。而制作过程也非常简单，只需要在 3ds Max 中制作好模型的循环动画，然后将模型和动画整体导出为.FBX 文件，并导入 Unity 引擎编辑器中，在模型属性面板的 Animation 面板中勾选自动播放选项，就可以实现场景模型动画的循环播放。

6.7　物理系统

在早期利用三维技术制作的游戏中是没有"物理系统"这一概念的，三维模型之间的物理效果只有碰撞阻挡，而不存在碰撞反应，比如玩家控制的角色在接触到行进路线上的障碍物时会被其阻挡，从而停止继续行进，但不会发生将其碰倒、撞开的情况。

随着游戏引擎技术的发展，"物理引擎"的概念逐渐被引入三维游戏制作当中。物理引擎可以让虚拟世界中的物体运动符合真实世界的物理定律，增加游戏的真实感。现在市面上成熟的游戏引擎都会内置物理引擎，但这些物理引擎并不是游戏引擎生产商自主研发的，而是通过授权被添加内置使用。其中的物理引擎技术多来自于 PhysX、Havok 和 Bullet，它们并称为当今世界上的三大物理运算引擎，其中 PhysX 就是 Unity 引擎的内置物理引擎，3ds Max 中的授权物理引擎是 Havok，而 Bullet 物理运算引擎被广泛应用于好莱坞的影视制作领域。

PhysX 物理运算引擎是由 5 名年轻的技术人员开发的，他们成立了 AGEIA 公司。PhysX 最初称为 NovodeX，后改名为 PhysX。AGEIA 公司被 Nvidia 公司收购后，PhysX 物理运算引擎也就被划入 Nvidia 旗下。Nvidia 公司凭借自身在硬件领域的地位，让 PhysX 物理运算引擎技术成为世界上应用非常广泛的物理引擎技术。到目前为止，在世界范围内已经有超过 300 款游戏应用了 PhysX 物理运算引擎。Unity 引擎的物理系统基

153

于 PhysX 物理运算引擎技术，在引擎编辑器中包括刚体、碰撞器、角色控制器、物理材质、关节等几大模块，下面分别进行详细讲解。

刚体（Rigidbody）是指三维空间中的物理模拟物体，被赋予刚体属性的模型物体可以受到场景中各种力的影响，并产生真实的物理碰撞反应。可以通过执行 Component 菜单中的 Physics 命令创建刚体并添加到选择的模型物体上（见图 6-32），在属性面板中可以设置刚体的相关参数，包括重力、阻力、角阻力、差值、碰撞检测和约束等。如果勾选了 Is Kinematic 选项，那么刚体会成为运动学刚体。运动学刚体可以进行自身的动画设置，可以与其他模型物体发生物理反应，但自身不会受到力的影响。比如我们制作了一个推箱子的游戏，玩家可以控制游戏角色去推动箱子，但反过来箱子不能推动游戏角色，这里的游戏角色就是运动学刚体。

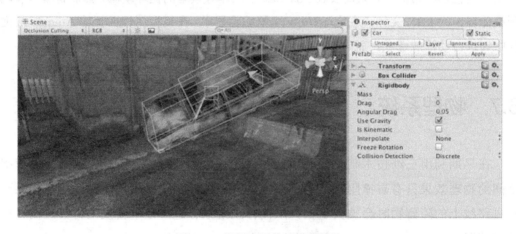

图 6-32　设置为刚体的模型物体

碰撞器（Collider）是一种物理系统组件，它可以用来设置物理碰撞的范围，类似于场景制作中碰撞盒的概念，碰撞器必须与刚体一起添加到模型物体上才会发生碰撞反应。我们可以通过在引擎编辑器中执行 Component 菜单下的 Physics 命令添加碰撞器。碰撞器共分为 5 种类型：Box Collider（盒式碰撞器）、Sphere Collider（球形碰撞器）、Capsule Collider（胶囊碰撞器）、Mesh Collider（网格碰撞器）和 Wheel Collider（车轮碰撞器），其中常用的为盒式碰撞器、球形碰撞器和网格碰撞器 3 种，下面分别介绍。

盒式碰撞器是基于立方体外形的原始碰撞器组件，将其添加到模型物体上后可以在属性面板中进行参数设置（见图 6-33），包括碰撞器大小、中心、触发器及物理材质的选择等。如果勾选 Is Trigger 选项，则模型物体会被赋予触发器属性，自身不会受到物理引擎的控制，当发生碰撞时会触发其他事件，比如模型动画、过场 CG、信息显示等。盒式碰撞器通常用于外形规则的模型物体，比如门、墙体、建筑等，这也是 Unity 场景制作中最常用的碰撞器，我们可以在场景建筑模型导入后利用其制作模型的碰撞盒。

第 6 章　Unity 引擎编辑器的系统功能

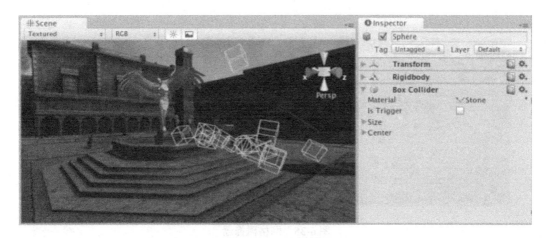

图 6-33　盒式碰撞器

球形碰撞器是基于球形外形的原始碰撞器组件，在将其添加到模型物体上后，我们同样可以在属性面板中设置其参数（见图 6-34），与盒式碰撞器完全相同，包括碰撞器大小、中心、触发器和物理材质的选择等。球形碰撞器主要用于球形的模型。

图 6-34　球形碰撞器

网格碰撞器相当于按照模型自身的多边形结构将整体创建为碰撞器组件（见图 6-35）。在碰撞检测方面，网格碰撞器要比原始碰撞器精确得多。在属性面板的参数设置上，与原始碰撞器相比，除物理材质和触发器的设置相同外，网格碰撞器还包括 3 个不同的选项：Mesh（网格）用来选择碰撞所引用的网格模型物体；Smooth Sphere Collision（平滑性球状碰撞）被激活后，网格碰撞器会被设定为没有棱角的平滑起伏碰撞模式；Convex（凸起）被勾选后，网格碰撞器可以与其他网格碰撞器发生物理碰撞反应，否则正常状态下两个被添加网格碰撞器的刚体是不能产生物理碰撞的。

图 6-35　网格碰撞器

由于网格碰撞器会产生较多的模型面数，对于硬件资源消耗较大，因此通常不建议大规模使用。在某些情况下，如果原始碰撞器不能满足我们的需要，但仍然不想用网格碰撞器，那么可以用复合碰撞器来代替。所谓复合碰撞器，就是原始碰撞器相互组合而形成的碰撞器集合。根据模型物体的结构可以设置多个原始碰撞器来模拟网格碰撞器的效果，我们可以对原始碰撞器进行父子关系设置，这样就可以形成一个具有不规则外形的碰撞器整体（见图 6-36）。这种方式也是 Unity 场景制作中常用的碰撞盒制作方式。

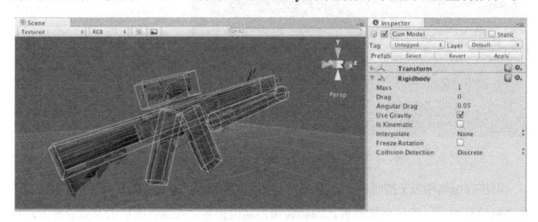

图 6-36　复合碰撞器

角色控制器（Character Controller）是 Unity 引擎编辑器预置的角色物理模拟组件，用于类人体模型角色的物理模拟，这相当于一个专门为角色模型制作的特殊运动学刚体，模型角色可以受玩家的控制，执行运动动画，同时可以执行碰撞检测但却不会受到外界力的影响。比如在游戏中，我们可以控制角色奔跑、跳跃，使其上下台阶、贴着墙壁运动，但却不会被其他模型物体击倒撞飞，脱离玩家的控制。在 Unity 项目面板的预置组件中，可以直接调用系统为我们准备的角色控制器组件，分为第一人称和第三人称两种视角方式，我们通常在游戏场景制作完成后用角色控制器来对场景进行检验（见图 6-37）。

第 6 章 Unity 引擎编辑器的系统功能

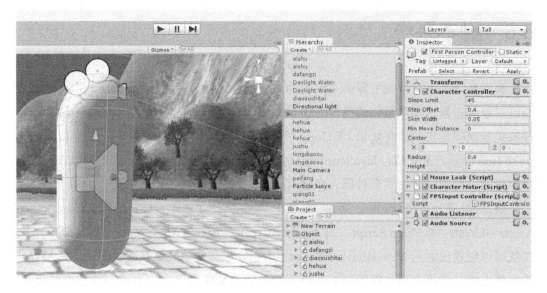

图 6-37 场景编辑器中的第一人称角色控制器

物理材质（Physic Material）用来调节碰撞物体的摩擦力和弹力效果。如果要创建物理材质，则在菜单栏中执行 Assets→Create→Physic Material 命令，然后从项目视图中拖曳物理材质到场景中的一个碰撞器上（见图 6-38）。可以在属性面板中设置碰撞物体的动态摩擦力、静态摩擦力、弹力、摩擦力结合模式、弹力结合模式、弹力合并模式及各向异性摩擦力等参数。摩擦力是防止物体滑动的参数，当尝试堆积物体时，该参数至关重要。摩擦力有两种形式：动态摩擦力和静态摩擦力。当物体处于静止状态时，使用静态摩擦力，从而防止物体移动。如果有足够大的力施加给物体，则物体将会开始移动，此时动态摩擦力开始作用。当该物体与其他物体碰撞时，动态摩擦力将对物体的滑动产生阻碍作用。

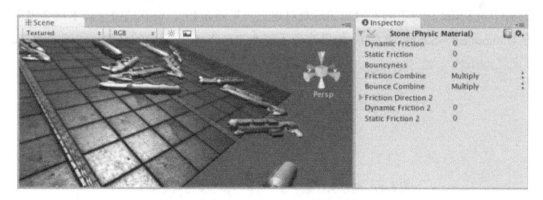

图 6-38 物理材质

6.8 脚本系统

脚本系统是所有游戏引擎必不可少的系统功能之一,不可能所有的游戏制作功能都通过引擎编辑器这样可视化的操作界面来完成,在某些情况下,利用脚本来进行编辑、控制更能便捷地实现最终效果。在 Unity 引擎中编写简单的行为脚本可以通过 JavaScript、C#或 Boo 等语言来完成,JavaScript 是 Unity 官方推荐的脚本语言,我们可以在一个项目中使用一种或同时使用多种语言来编写脚本。

要想创建一个新脚本,可以在菜单栏中执行 Assets→Create→JavaScript(或 Assets→Create→C Sharp Script,或 Assets→Create→Boo Script)命令(见图 6-39),这样就可以创建出名为 NewBehaviourScript 的脚本,该文件被放置在项目视图面板被选中的文件夹中。如果在项目视图面板中没有被选中的文件夹,则脚本被创建在根层级。

图 6-39 创建一个新脚本

如果要将脚本附加到游戏对象上,则可以在 Unity 项目视图面板中拖曳编辑好的脚本到游戏对象上,也可以选中游戏对象,通过执行菜单栏中的 Component→Scripts→New Behaviour Script 命令将脚本附加到游戏对象上(见图 6-40)。创建的每个脚本都会出现在 Component→Scripts 菜单中,如果改变了脚本的名称,则菜单中的名称也将随之改变。

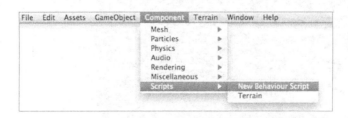

图 6-40 通过执行菜单命令将脚本附加到游戏对象上

我们可以利用 Unity 脚本控制游戏对象、访问游戏组件,还可以利用脚本编辑制作 GUI 游戏图形界面。脚本系统更多是提供给程序制作人员使用,对于美术设计人员来说涉及较少,如果想要深入学习,则可以参考 Unity 自带的脚本手册,这里不做过多讲解。

6.9 音效系统

游戏音频在任何游戏中都占据非常重要的地位，很多经典的游戏即使在很多年以后，游戏中的音乐或音效仍然会深深存在于我们的记忆中。比如在嘈杂人群中响起超级玛丽的电话铃声，那熟悉的旋律总能在第一时间抓住我们的耳朵；当我们路过网吧门口时，那句"Fire in the hole"总能让我们回忆起当年在CS中拼杀的场景，这就是游戏音频的魅力。

在 Unity 引擎中，音频的播放分为两种，一种为游戏音乐，另一种为游戏音效。游戏音乐是指游戏场景中播放时间较长的音频，比如游戏的背景音乐；而游戏音效通常是很短小的声音片段，比如开枪、打怪时发出的击打音效。Unity 引擎可以支持 4 种格式的音频文件：WAV、AIFF、OGG 和 MP3，WAV 和 AIFF 格式适用于较短的音频文件，通常作为游戏音效；而 OGG 和 MP3 格式适用于较长的音频文件，通常作为游戏的背景音乐。

对于 Unity 引擎编辑器中的音效系统，要了解两个非常重要的概念：Audio Source（音频源）和 Audio Listener（音频侦听器）。音频源是 Unity 引擎音效系统中的发声者，而音频侦听器是音效系统中的听声者。音频源和音频侦听器相当于嘴巴和耳朵的作用，在游戏场景中只有这两者同时具备时，玩家才能在实际运行的游戏中获得音响效果，缺一不可。

在 Component 菜单中执行 Audio→Audio Source 命令可以对选中的对象添加音频源，如图 6-41 左图所示。

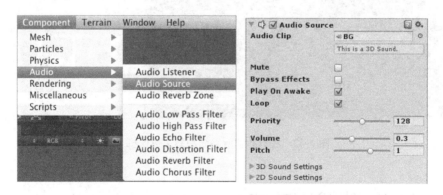

图 6-41　通过执行菜单命令创建音频源及音频源的参数设置面板

在属性面板中可以对音频源的参数进行设置（见图 6-41 右图），表 6-4 列出了音频源的一些重要参数。

表 6-4 音频源的一些重要参数

参数名称	中文含义	功能说明
Audio Clip	音频片段	选择想要播放的音频片段
Mute	静音	如果启用，则声音播放时为静音状态
Bypass Effects	直通效果	是否打开音频特效
Play On Awake	唤醒时播放	如果启用，则声音会在场景启动时自动播放。如果禁用，则需要用脚本来启动
Loop	循环	使音频文件循环播放
Priority	优先权	确定场景中所有并存的音频源之间的优先权，0 表示最重要，256 表示最不重要，默认为 128
Volume	音量	音频播放的声音大小，取值范围为 0~1.0
Pitch	音调	可以减速或加速音频的播放，默认速度为 1

以上为常用的音频源设置参数，属性面板下方的 3D Sound Settings 选项可以设置音频源距离音频侦听器的衰减变化。音频侦听器没有属性设置，它必须被添加才能使用，通常它被默认添加到主摄像机上（见图 6-42），这样我们就可以在游戏视图中随着摄像机的移动来获得音响效果。需要注意的是，一个游戏场景中只允许存在一个音频侦听器。

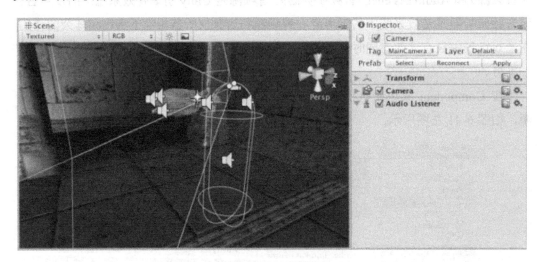

图 6-42 将音频侦听器添加到主摄像机上

6.10 Unity 的输出功能

在使用 Unity 引擎制作游戏时，当游戏制作完成后，需要对游戏进行打包输出和发布。输出功能是 Unity 引擎一个十分重要的功能，我们可以通过 File 菜单中的 Build Settings 命令来进行输出前的设置（见图 6-43）。在弹出的对话框中，可以选择 PC、Web、

Xbox、PS、Wii 等多种游戏平台格式，同时还支持移动平台输出，包括 Android、iOS、Windows Phone 8 和 BlackBerry 10 等。下面以 Android 平台为例简单介绍一下游戏的发布流程。

利用 Unity 引擎发布 Android 游戏程序可以分为三步：（1）制作 Key 签名；（2）打包生成 APK 程序；（3）将游戏上传到谷歌网站中的 Google Play Store。这里解释几个概念：APK 是指 Android 平台下的游戏程序打包格式，而 Key 是指 APK 对应的程序签名。如果 APK 使用一个 Key 签名，则发布另一个 Key 签名的文件将无法安装或覆盖旧的版本，这样可以防止已安装的应用程序被恶意的第三方覆盖或替换掉。

图 6-43　Build Settings 对话框

制作 Key 签名需要在 Build Settings 对话框下方的 Player Settings 中的 Publishing Settings 面板中进行设置，首先勾选面板中的 Create New Keystore 选项，然后通过 Browse Keystore 来设置 Keystore 的存储路径，接下来在下方设置 Keystore 的密码（见图 6-44）。

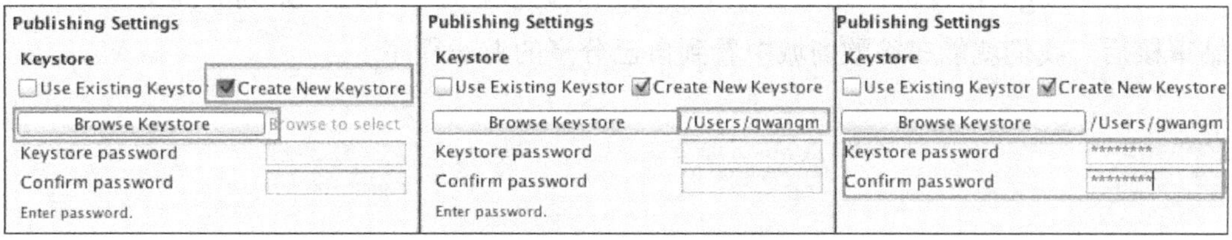

图 6-44　制作新的 Keystore

然后在下面 Alias 的下拉菜单中选择 Create a new key，如图 6-45 所示。接下来，在弹出的对话框中填写创建 Key 的信息。这里需要注意的是，Alias 名称不能为空，Valodity(years)要填 50 及以上（见图 6-46）。

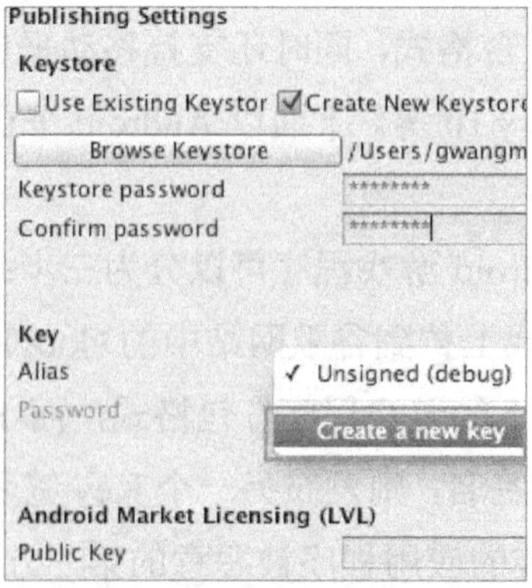

图 6-45 制作一个新的 Key

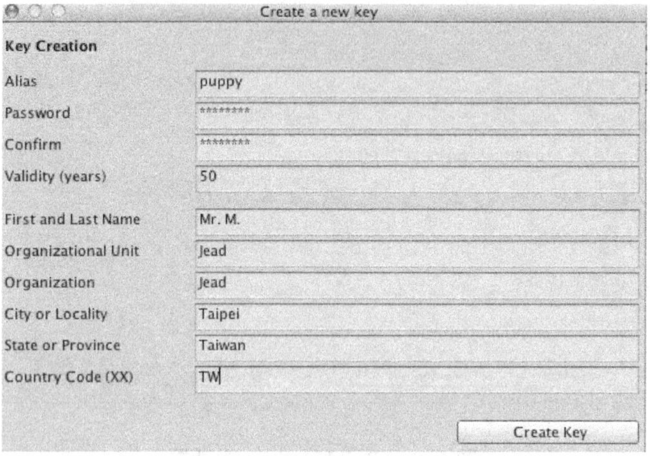

图 6-46 填写创建 Key 的信息

    Key 签名制作完成后就可以通过在 Build Settings 对话框中单击 Build 按钮来打包输出 APK 程序了，输出前要注意在游戏视图中选择合适的屏幕分辨率尺寸。然后我们可以登录 Google Play 的网站页面来上传自己的游戏程序，经过一系列的提交步骤和网站审核后，我们就能在谷歌商城中看到自己分享的游戏程序了。

第7章

Unity 粒子系统

Unity 3.5 版本更新后,引入了全新的粒子系统(Particle System)。新版粒子系统可以在 Hierarchy 面板中附加给任意游戏对象,成为其子物体,而且可以无限制添加多个粒子系统;而旧版粒子系统只能作为组件添加给游戏对象,且只能添加一次,不能重复。我们在制作大型和复杂的粒子特效时,必须要通过多个粒子发射器相互叠加和组合,这时只能通过新版粒子系统来实现。新版粒子系统在粒子控制上更加复杂和多样化。本章我们就来学习 Unity 粒子系统的基本参数,以及如何利用粒子系统制作游戏特效。

7.1 粒子系统面板参数

在 Unity 引擎的菜单栏中单击 GameObject→Effects→Particle System,可以创建粒子系统,如图 7-1 所示。

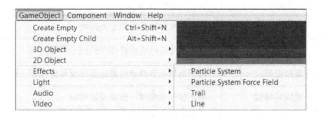

图 7-1 创建粒子系统

选中创建的粒子系统，在 Inspector 面板中可以对其各项参数进行设置。首先在面板顶端显示的是粒子系统的初始化模块，即粒子系统的最基本模块，它一直存在，我们无法对其进行删除或禁用。初始化模块主要针对粒子的基本属性进行设置（见图 7-2），表 7-1 详细列出了初始化模块中的各项参数及其功能说明。

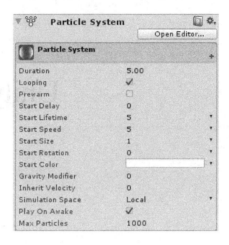

图 7-2　粒子系统初始化模块

表 7.1　初始化模块中的各项参数及其功能说明

参数名称	中文含义	功能说明
Duration	持续时间	粒子系统发射粒子的持续时间
Looping	循环	粒子系统是否循环
Prewarm	预热	当 Looping 系统开启时，才能启动预热系统，这意味着粒子系统在游戏开始时已经预先发射了粒子
Start Delay	初始延迟	粒子系统在发射粒子之前的延迟。注意，在启用 Prewarm（预热）的情况下，不能使用此项
Start Lifetime	初始生命	以秒为单位，粒子存活时间
Start Speed	初始速度	粒子发射时的速度
Start Size	初始大小	粒子发射时的大小
Start Rotation	初始旋转	粒子发射时的旋转值
Start Color	初始颜色	粒子发射时的颜色
Gravity Modifier	重力修改器	粒子在发射时受到的重力影响
Inherit Velocity	继承速度	粒子速度将继承自移动中的粒子系统
Simulation Space	模拟空间	粒子系统在自身坐标系还是在世界坐标系
Play On Awake	唤醒时播放	创建粒子系统时，自动开始播放
Max Particles	最大粒子数	粒子发射的最大数量

在粒子系统初始化模块下面还有一系列的参数控制面板（见图 7-3），每个面板都对应各种粒子控制命令参数，我们可以有选择性地启用其中的一个或多个面板。下面针对每个面板的命令参数进行详细讲解。

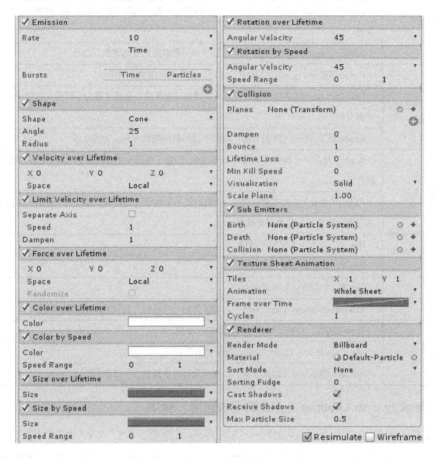

图 7-3　粒子系统参数控制面板

1. Emission（发射）模块

发射模块用来控制粒子发射时的速率，可以在某个时间生成大量粒子，在模拟爆炸时非常有效。Rate（速率），每秒或每米粒子发射的数量；Bursts（突发），在粒子系统生存期间增加爆发。

2. Shape（形状）模块

形状模块定义发射器的形状，包括球体、半球体、圆锥体、立方体和网格模型，能提供初始的作用力。该作用力的方向将沿表面法线或随机。每种形状的命令参数如表 7-2 所示。

表 7-2　形状模块中每种形状的命令参数

形状	命令参数
Sphere（球体）	Radius（半径），球体的半径（可以在场景视图中手动操作）
	Emit from Shell（从外壳发射），从球体外壳发射。如果设置为不可用，则粒子将从球体内部发射
	Random Direction（随机方向），粒子发射将沿随机方向或表面法线
Hemispher（半球体）	Radius（半径），半球体的半径（可以在场景视图中手动操作）
	Emit from Shell（从外壳发射），从半球体外壳发射。如果设置为不可用，则粒子将从半球体内部发射
	Random Direction（随机方向），粒子发射将沿随机方向或表面法线
Cone（圆锥体）	Angle（角度），圆锥体的角度如果为 0，则粒子将沿一个方向发射（可以在场景视图中手动操作）
	Radius（半径），如果值超过 0，则将创建 1 个帽状的圆锥体，通过这个参数可以改变发射的点（可以在场景视图中手动操作）
Box（立方体）	Box X，立方体 X 轴的缩放值
	Box Y，立方体 Y 轴的缩放值
	Box Z，立方体 Z 轴的缩放值
	Random Direction（随机方向），粒子将沿一个随机方向发射或沿 Z 轴发射
Mesh（网格）	Type（类型），粒子将从顶点、边或面发射
	Mesh（网格），选择一个多边形面作为发射面
	Random Direction（随机方向），粒子发射将沿随机方向或表面法线

3．Velocity over Lifetime（存活期间的速度）模块

存活期间的速度模块用来控制粒子的直接动画速度。"X""Y""Z"用来控制粒子的运动方向，可以通过常量值或曲线来控制。Space/World（局部/世界）用来确定速度根据局部还是世界坐标系。

4．Limit Velocity over Lifetime（存活期间的限制速度）模块

存活期间的限制速度模块可以控制粒子模拟拖动效果。如果有确定的阈值，则将抑制或固定速率。Separate Axis（分离轴）用于控制每个坐标轴；Speed（速度）用来控制粒子所有方向轴的速度，用 X、Y、Z 不同的轴向分别控制；Dampen（阻尼），通过 0~1 之间的数值来降低运动过快的粒子的速度，举例来说，当值为 0.5 时，将以 50%的速率降低速度。

5．Force over Lifetime（存活期间的受力）模块

存活期间的受力模块与存活期间的速度模块参数基本相同。"X""Y""Z"用来控制作用于粒子上的力，可以通过常量值或曲线来控制；Space/World（局部/世界）用来

确定速度根据局部还是世界坐标系；Randomize（随机），每帧作用在粒子上的力都是随机的。

6．Color over Lifetime（存活期间的颜色）模块

Color（颜色）用来控制每个粒子在其存活期间的颜色。对于存活时间短的粒子来说，变化会更快。可以选择常量颜色、两色随机、使用渐变动画或在两个渐变之间指定一个随机值。

7．Color by Speed（颜色速度）模块

颜色速度模块可以使粒子颜色根据其速度产生动画效果，为颜色在一个特定范围内重新指定速度。Color（颜色）选项与存活期间的颜色模块中的作用相同；Speed Range（速度范围），Min 和 Max 值用来定义颜色速度范围。

8．Size over Lifetime（存活期间的尺寸）模块

Size（尺寸大小）用来控制每个粒子在其存活期间的大小，可以通过常量、曲线或两曲线间随机等方式进行控制。

9．Size by Speed（存活期间的尺寸速度）模块

Size（尺寸大小）用于指定速度；Speed Range（速度范围），Min 和 Max 值用来定义速度的范围。

10．Rotation over Lifetime（存活期间的旋转速度）模块

Angular Velocity（旋转速度）用来控制每个粒子在其存活期间的旋转速度，可以使用常量、曲线、两常量间随机或两曲线间随机来进行控制。

11．Rotation by Speed（旋转速度）模块

Angular Velocity（旋转速度），与存活期间的旋转速度模块中的参数含义相同，用来控制粒子的旋转速度；Speed Range（速度范围），用两个常量数值来定义旋转速度的范围。

12．Collision（碰撞）模块

碰撞模块为粒子系统建立物理碰撞，现在只支持平面碰撞。表 7-3 详细列出了碰撞模块中的各项参数及其功能说明。

表 7-3　碰撞模块中的各项参数及其功能说明

参数名称	中文含义	功能说明
Planes	平面	Planes 被定义为场景里任何一个平面，而且可以动画化。多个平面也可以被使用。这里 Y 轴作为平面的法线方向

续表

参数名称	中文含义	功能说明
Dampen	阻尼	当粒子碰撞时，会受到阻力影响，取值范围可以设置为0~1。当设置为1时，任何粒子都会在碰撞后变慢
Bounce	弹力	当粒子碰撞时，会受到弹力影响，出现反弹效果，取值范围可以设置为0~1
Lifetime Loss	生命减弱	初始生命每次碰撞减弱的比例。当生命减弱为0时，粒子死亡。如果想让粒子在第一次碰撞时就死亡，则可以将值设置为1
Min Kill Speed	最小死亡速度	当粒子低于这个速度时，碰撞结束后粒子就会死亡
Visualization	可视化	可视化平面，可选择Grid（网格）或Solid（实体）。Grid，渲染为辅助线框。Solid，将场景渲染为平面，用于屏幕的精确定位
Scale Plane	缩放平面	重新缩放平面

13．Sub Emitters（次级粒子发射）模块

次级粒子发射模块是一个非常好用的模块，当粒子出生、死亡和碰撞时可以生成其他次级粒子。Birth（出生），在每个粒子出生的时候生成其他粒子系统；Death（死亡），在每个粒子死亡的时候生成其他粒子系统；Collision（碰撞），在每个粒子碰撞的时候生成其他粒子系统。

14．Texture Sheet Animation（纹理层动画）模块

纹理层动画模块可以在粒子存活期间设置面片的 UV 动画。Tiles（平铺），定义贴图纹理的平铺；Animation（动画），指定动画类型，可以选择整格或单行；Cycles（周期），指定 UV 动画的循环速度。

15．Renderer（渲染器）模块

渲染器模块显示粒子系统渲染组件的属性，具体参数及其功能说明如表 7-4 所示。

表7-4　渲染器模块中的参数及其功能说明

参数名称	中文含义	功能说明
Render Mode	渲染模式	可选择下列粒子渲染模式。 （1）Billboard（广告牌），让粒子永远面对摄像机。 （2）Stretched Billboard（拉伸广告牌），粒子将通过下面属性伸缩：Camera Scale（摄像机缩放），决定摄像机的速度对粒子伸缩的影响程度；Speed Scale（速度缩放），通过比较速度来决定粒子的长度；Length Scale（长度缩放），通过比较宽度来决定粒子的长度。 （3）Horizontal Billboard（水平广告牌），让粒子沿 Y 轴对齐。 （4）Vertical Billboard（垂直广告牌），当面对摄像机时，让粒子沿 X、Z 轴对齐。 （5）Mesh（网格），粒子被渲染时使用网格模型

续表

参数名称	中文含义	功能说明
Material	材质	广告牌或网格粒子所用的材质
Sort Mode	排序模式	设置粒子的渲染优先顺序
Sorting Fudge	排序校正	使用这个选项将影响粒子渲染顺序。如果将 Sorting Fudge 的值设置的较小，则粒子可能被最后渲染，从而显示在透明物体和其他粒子系统的前面
Cast Shadows	投射阴影	让粒子系统可以投射阴影
Receive Shadows	接受阴影	让粒子接受其他物体的投影
Max Particle Size	最大粒子尺寸	设置最大粒子相对于视窗的大小，可以在 0~1 的范围内进行设置

Unity 粒子系统是一个十分复杂的功能系统，包含众多的命令参数设置。要想完全掌握粒子系统的使用方法，必须先了解每个命令参数的大致含义，然后通过实例来进行具体的学习和操作，以更加直观的方式掌握每个命令参数的具体应用方法和技巧。

7.2 Unity 粒子系统实例——火焰的制作

火焰是游戏中常见的粒子特效之一，通常用于制作火把、火盆、法术或大面积的燃烧效果（见图 7-4）。火焰效果的制作应用了最基本的粒子参数设定，可以帮助初学者更加直观和快速地掌握 Unity 粒子系统。本节就带领大家了解火焰粒子特效的制作流程和方法。

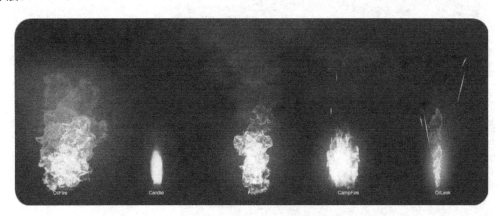

图 7-4 各种类型的火焰粒子特效

首先在 3ds Max 中制作一个三足铜鼎模型，用来作为火焰燃烧的载体（见图 7-5）。

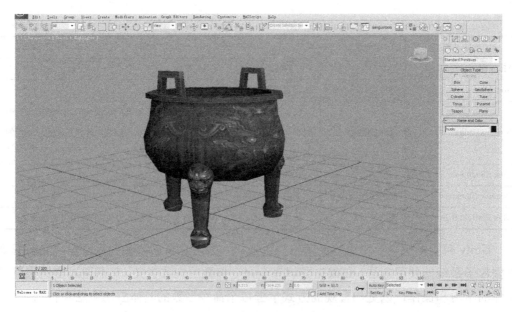

图 7-5　制作三足铜鼎模型

将制作完成的三足铜鼎模型导出为.FBX 文件，这里要注意模型、材质球和贴图的名称要统一。将.FBX 文件和模型贴图文件放置于 Unity 项目文件夹下的 Assets 目录中，在 Unity 引擎编辑器中新建一个场景，将三足铜鼎模型导入到 Unity 场景视图中，并将三足铜鼎材质球的 Shader 设置为 Specular（高光模式），如图 7-6 所示。

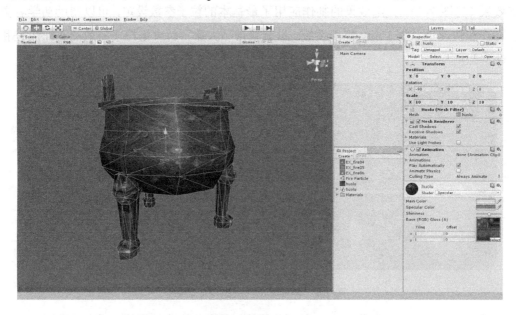

图 7-6　将三足铜鼎模型导入到 Unity 场景视图中

接下来，在 Unity 菜单栏中单击 GameObject→Greate Other→Particle System 创建粒

子系统，将粒子系统移动对齐到三足铜鼎模型的上方（见图7-7）。

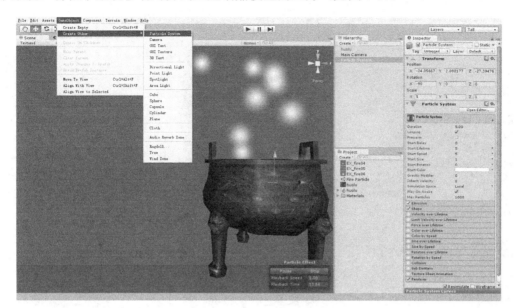

图7-7 创建粒子系统

然后通过Inspector面板对粒子系统的参数进行设置。选中粒子系统的Shape面板，将粒子发射器的形状设置为Cone类型，调整粒子发射器的半径及高度（见图7-8）。

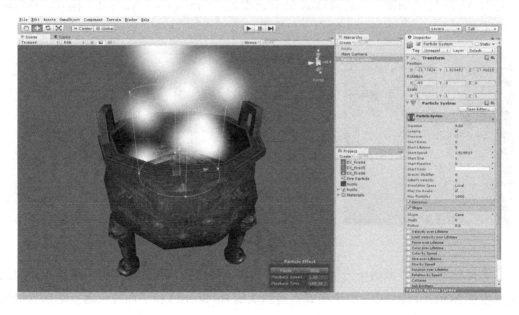

图7-8 调整粒子发射器外形

我们暂时把白色的粒子光球看作喷发出的火焰，然后对粒子的基本参数进行设置。在初始化模块中设置Start Lifetime、Start Speed和Start Size等参数，调整粒子喷射的形态,让其具有火焰的基本外观(见图7-9)。

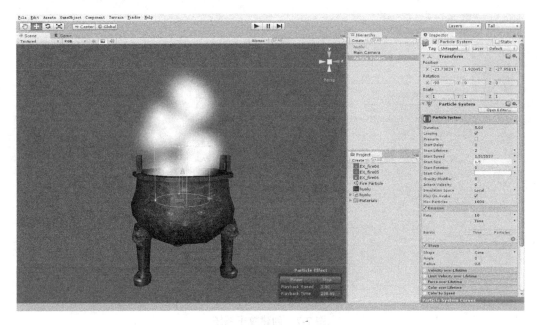

图7-9 调整粒子基本参数

利用 Project 面板中的 Create 按钮新建一个材质球(Material),然后为其添加一张火焰的 Alpha 特效贴图,将材质球的 Shader 设置为 Transparent/VertexLit 模式,将材质球的主色调和高光色都设置为纯白(见图7-10)。

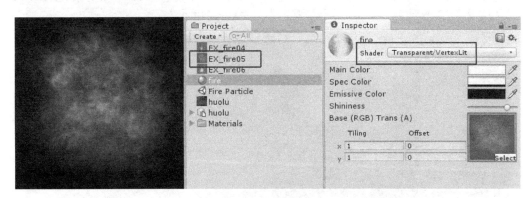

图7-10 创建火焰材质球

选择粒子系统,激活下方的 Renderer 面板,将刚刚制作的火焰材质球拖曳添加到该面板的 Material 选项中,渲染模式保持默认的 Billboard(粒子面片永远正对摄像机镜头)模式,这时我们就能看到火焰粒子喷射效果了(见图7-11)。

第 7 章 Unity 粒子系统

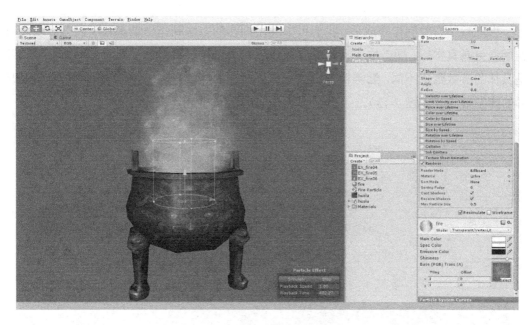

图 7-11 将火焰材质球添加到粒子系统中

这时的火焰特效存在一个问题，即粒子面片从下方生成到顶部消失，自始至终都保持同一尺寸大小，这样看起来火焰的喷射呈火柱状，缺乏真实感，所以下一步我们需要对存活期间的尺寸模块中的参数进行设置，让其火焰呈锥状喷射。选中 Size Over Lifetime 模块，选择利用曲线来控制 Size 参数，同时返回粒子初始化模块，进一步调整粒子的各项参数，这样就制作出了真实的火焰粒子燃烧效果（见图 7-12）。

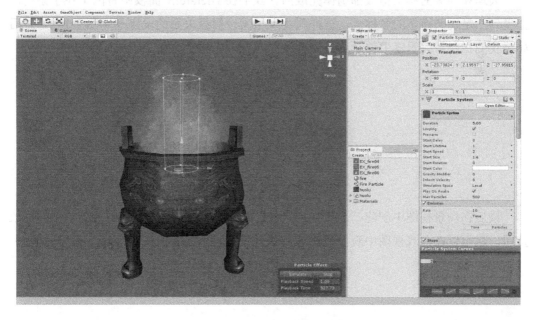

图 7-12 进一步调整粒子参数

火焰粒子特效制作完成后，我们可以利用同样的方法制作出烟雾粒子特效，让火焰的燃烧更具真实感。烟雾粒子特效的参数设置与火焰粒子特效的参数设置基本相同，只是具体的参数数值不同，烟雾粒子应该比火焰粒子的存活时间更长，这样才能够实现烟雾的挥发效果（见图7-13）。

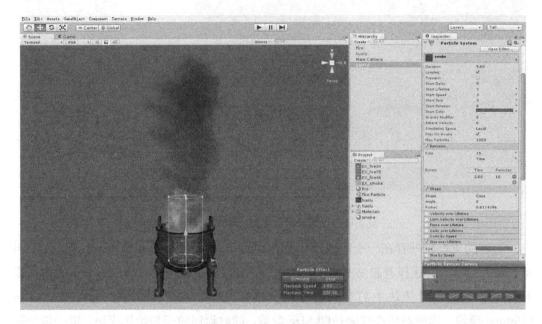

图 7-13　制作烟雾粒子特效

火焰和烟雾的粒子特效都制作完成后，我们在 Hierarchy 面板中将两个粒子系统都拖曳到三足铜鼎模型的名称上，这样就实现了父子层级关系的设定（见图7-14）。之后如果我们在引擎编辑器中移动三足铜鼎模型，则两个粒子系统也会同时跟随移动。

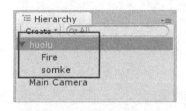

图 7-14　设置父子层级关系

最后在场景视图中创建一盏点光源，调整摄像机的位置，然后单击工具栏中的播放按钮，就可以在游戏视图中观看最终的特效效果（见图7-15）。

第 7 章　Unity 粒子系统

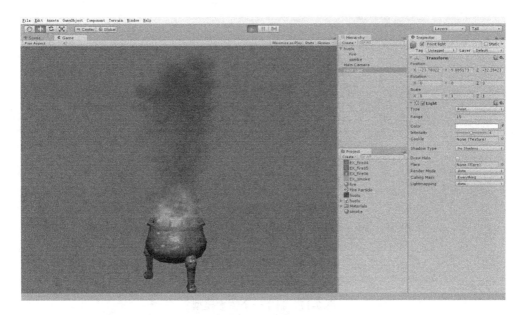

图 7-15　游戏视图中的粒子效果

7.3　Unity 粒子系统实例——落叶的制作

针对游戏中的粒子特效，我们可以大致分为密集型粒子和分散型粒子。顾名思义，密集型粒子是指粒子个体分布比较密集的特效类型，如火焰、烟雾、光束等；分散型粒子是指粒子个体排列相对分散的特效类型，如萤火虫、落叶、下雨等（见图 7-16）。

图 7-16　游戏中的下雨粒子特效

在上一节中，我们以火焰粒子特效为例介绍了密集型粒子特效的制作流程，本节将以落叶粒子特效为例讲解分散型粒子特效的制作流程。首先，在 3ds Max 中制作一个树木模型，如图 7-17 所示。

175

图 7-17　制作一个树木模型

将树木模型整体导出为.FBX 文件,启动 Unity 引擎编辑器,新建项目文件和场景,然后将.FBX 文件连同树木模型贴图文件一起放到 Unity 项目文件夹下的 Assets 目录中,这样我们就完成了树木模型资源的导入。在 Project 面板中拖曳树木模型到场景视图中,如图 7-18 所示。树叶和树藤的材质球 Shader 要选择 Transparent(半透明模式)或 Natural(植物模式)。

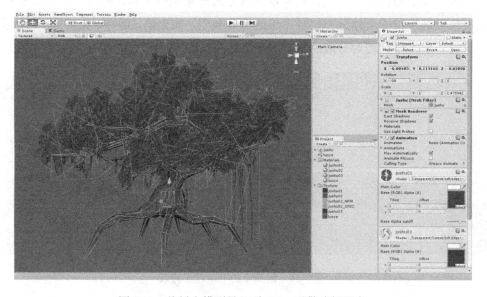

图 7-18　将树木模型导入到 Unity 引擎编辑器中

在 Unity 菜单栏中单击 GameObject→Greate Other→Particle System 创建粒子系统,如图 7-19 所示。

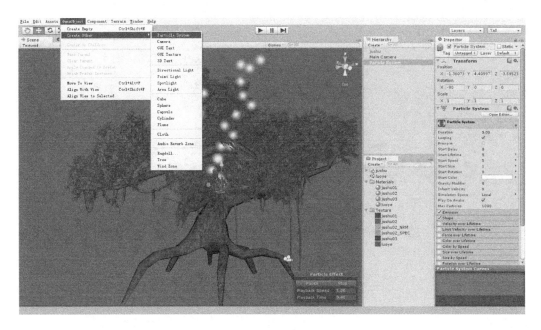

图 7-19 创建粒子系统

接下来,通过 Inspector 面板对粒子的属性参数进行设置。选中 Shape 面板,将粒子发射器的外形设置为 Box,通过场景视图右上角的辅助工具进入顶视图,调整 Box 的外形和尺寸,让其尽量覆盖树木的全部树叶(见图 7-20)。

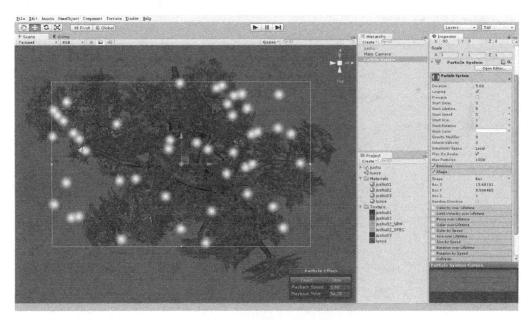

图 7-20 调整粒子发射器的形状

通过旋转工具将粒子系统整体旋转 180°,让其向下发射粒子(见图 7-21)。

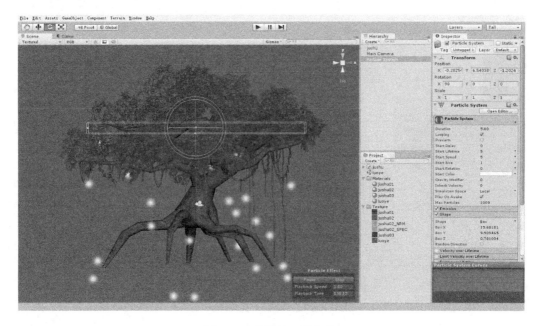

图 7-21　旋转粒子发射器

在 Project 面板中利用 Create 按钮创建一个新的材质球,为材质球添加落叶的 Alpha 贴图,然后选择粒子系统的 Renderer 面板,将材质球拖曳到 Material 选项中,这样粒子系统发射的粒子就变成了落叶效果(见图 7-22)。

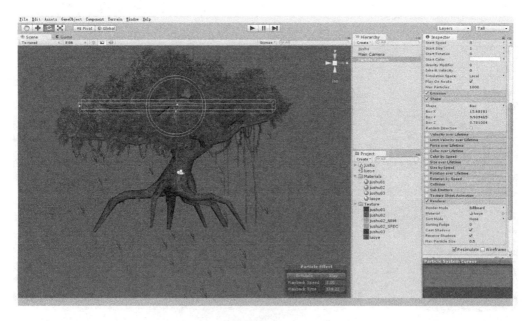

图 7-22　为粒子系统添加落叶材质

这时的落叶粒子还只是初始效果,我们需要对粒子系统的参数进行进一步设置,让其具有基本的形态和外观效果。在粒子系统初始化模块中对 Start Lifetime、Start Speed

和 Start Size 3 个参数进行设置，分别控制粒子的消失时间、下落速度和落叶叶片的大小。在下方的 Emission 面板中，通过 Rate 参数来设置粒子的发射数量，最终设定效果如图 7-23 所示。

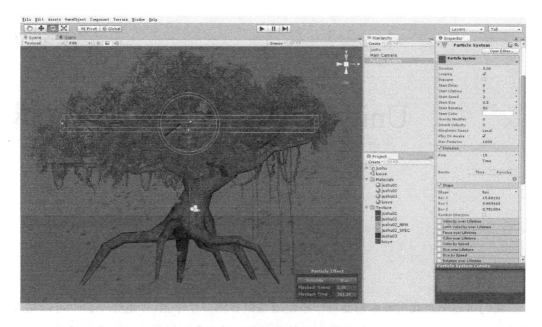

图 7-23 调整粒子系统的参数

以上参数设置完成后，我们发现落叶效果并不自然，这是因为所有落叶都以相同的大小、速度及方向下落，缺乏真实度。接下来需要对落叶进行随机化设置，首先单击初始化模块中 Start Size 参数后面的下拉按钮，将其设置为 Random Between Two Constants（在两个常量数值间随机变化）；Start Speed 参数也同样设置，这样落叶的大小和下落速度就有了自然的变化。然后通过单击激活 Rotation over Lifetime 模块，为落叶设置自身旋转效果，这样整个落叶粒子特效就更加真实自然了。最后在场景中添加一盏方向光，设置摄像机的角度，单击工具栏中的播放按钮，就可以在游戏视图中观看最终的落叶效果了。

对于 Unity 粒子系统的学习，还是应当多通过实例练习直观、形象地掌握各项命令参数的含义和控制方法，对于各类粒子特效，在制作的时候要能够举一反三、善于变通，有时完全相同的粒子参数设定，仅仅修改面片贴图或改动一个参数，就可能会出现完全不同的粒子效果。

第8章

Unity 引擎模型的导入与编辑

我们可以把游戏引擎编辑器看作搭建游戏世界的一个平台，在这个平台上可以完成对游戏美术元素的编辑、汇总和整合，但其对于游戏模型、贴图、动画等美术元素的基础和细节制作却无能为力，因此我们必须依靠三维制作软件，将制作的美术元素借助专门的通道与游戏引擎进行沟通。这个通道的具体含义是指三维软件的导出与游戏引擎的导入过程，这就好比在三维软件与游戏引擎之间架设的一座桥梁，任何完整、成熟的游戏引擎都必须要具备这座桥梁，而其中对三维软件的兼容性和游戏美术元素的完整保持度更是衡量游戏引擎优秀与否的重要标志。本章主要为大家讲解 3ds Max 模型导出与 Unity 引擎模型导入的具体流程和操作方法。

8.1 3ds Max 模型的导出

8.1.1 3ds Max 模型制作要求

对于要应用于 Unity 引擎的三维模型来说，当模型在 3ds Max 软件中制作完成时，它所包含的基本内容，包括模型尺寸、单位、模型命名、节点编辑、模型贴图、贴图坐标、贴图尺寸、贴图格式、材质球等必须是符合制作规范的。一个归类清晰、面数节省、制作规范的模型文件对于游戏引擎的程序控制管理十分必要,不仅对于 Unity 引擎和 3ds Max 来说是这样,对于其他游戏引擎和三维制作软件来说同样如此。Unity 引擎中使用的三维模型我们要了解,并按照以下规范在 3ds Max 中进行制作。

1. 对于模型面数的控制

在 3ds Max 软件中制作单一游戏对象的面数不能超过 65000 个三角形面,即 32500 个多边形,如果超过这个数量,则模型物体不会在引擎编辑器中显示出来,这就要求我们在制作模型时必须时刻控制好模型面数。在 3ds Max 软件中,我们可以通过 File 菜单中的 Summary Info 工具或工具面板中的 Polygon Counter 工具来查看模型物体的多边形面数。

2. 对于模型轴心的设置

在 3ds Max 中制作完成的游戏模型,我们一定要对其轴心(Pivot)进行重新设置,可以通过 3ds Max 的 Hierarchy 面板中的 Adjust Pivot 选项进行设置。对于场景模型来说,尽量将轴心设置于模型基底平面的中心,同时一定要将模型的重心与视图坐标系的原点对齐(见图 8-1)。

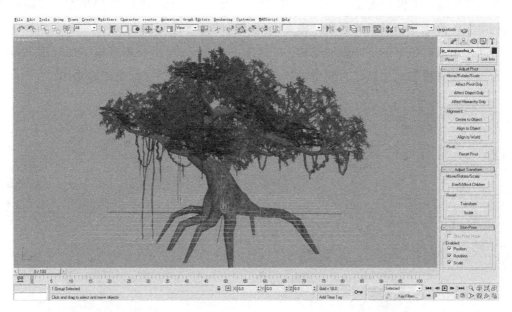

图 8-1　在 3ds Max 中设置模型的轴心

3. 对于模型单位的设置

通常以"米(Meters)"为单位,我们可以在 3ds Max 的 Customize(自定义)菜单下,通过执行 Units Setup 命令来进行设置,在弹出面板的显示单位缩放选项中选择 Metric → Meters,并在 System Unit Setup 面板中设置系统单位缩放比例为 1Unit=1.0Meters(见图 8-2)。

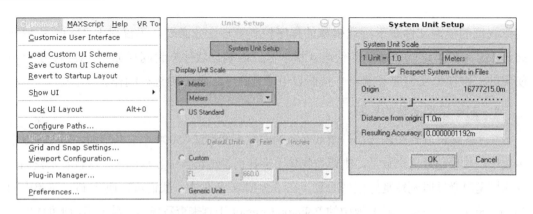

图 8-2 在 3ds Max 中设置系统单位

4. 对于 3ds Max 建模的要求

建模时最好采用 Editable Poly（编辑多边形）建模，这种建模方式在最后烘焙时不会出现三角形面现象；如果采用 Editable Mesh 建模，那么在最终烘焙时可能会出现三角形面的情况。要注意删除场景中多余的多边形面，在建模时，玩家角色视角以外的模型面可以删除，如模型底面、贴着墙壁物体的背面等（见图 8-3），主要是为了提高贴图的利用率，降低整个场景的面数，提高交互场景的运行速度。

同一游戏对象下的不同模型结构，在制作完成导出前，要将所有模型部分塌陷并固定为一个整体模型，然后再对模型进行命名、设置轴心、整理材质球等操作。

图 8-3 删除看不见的模型面

5. 对于模型面之间的距离控制

在默认情况下，Unity 引擎是不承认双面材质的，除非使用植物材质球类型，所以在制作窗户、护栏等利用 Alpha 贴图制作的模型物体时，如果想在两面都看到模型，就需要制作出厚度，或者复制两个面并翻转其中一个面的法线，但是两个模型面不能完全重合，否则导入引擎后会出现闪烁现象，这就涉及模型面之间的距离问题。通常来说，模型面与面之间的距离推荐最小间距为当前场景最大尺度的二千分之一，例如在制作室内场景时，模型面与面之间的距离不要小于 2mm；在制作长（或宽）为 1km 的室外场景时，模型面与面之间的距离不要小于 20cm。

6．模型的命名规则

对于要应用到 Unity 引擎中的模型，其所有构成组件的命名都必须用英文，不能出现中文字符。在实际游戏项目制作中，模型的名称要与对应的材质球和贴图命名统一，以便于查找和管理。模型的命名通常包括前缀、名称和后缀三部分，例如建筑模型可以命名为 JZ_Starfloor_01，不同模型之间不能出现重名。

7．材质贴图格式和尺寸的要求

Unity 引擎并不支持 3ds Max 所有的材质球类型，一般来说只支持标准材质（Standard）和多重子物体材质（Multi/Sub-Object），而多重子物体材质球中也只能包含标准材质球，多重子物体材质中包含的材质球数量不能超过 10 个。对于材质球的设置，我们通常只应用通道系统，而其他诸如高光反光度、透明度等设置在导入 Unity 引擎后是不被支持的。

Unity 引擎支持的图形文件格式有 PSD、TIFF、JPG、TGA、PNG、GIF、BMP、IFF、PICT，同时也支持游戏专用的 DDS 贴图格式。模型贴图文件尺寸的数值必须是 2 的 n 次方（如 8、16、32、64、128、256、512），最大贴图尺寸不能超过 1024px×1024px。

8．材质和贴图的命名规则

与模型命名一样，材质和贴图的命名同样不能出现中文字符，模型、材质与贴图的名称要统一，不同贴图不能出现重名现象。贴图的命名同样包含前缀、名称和后缀，例如 jz_Stone01_D。在实际游戏项目制作中，不同的后缀名代指不同的贴图类型，通常来说_D 表示 Diffuse 贴图，_B 表示凹凸贴图，_N 表示法线贴图，_S 表示高光贴图，_AL 表示带有 Alpha 通道的贴图。

9．动画模型的制作要求

对于角色模型，要尽可能少地使用骨骼，能减少的骨骼尽量减少，因为骨骼越多性能越差，因此最好不超过 30 个骨骼。将 IK 和 FK 分开。当在 Unity 引擎中导入模型动作时，IK 节点会被烘焙成 FK，因为 Unity 引擎根本不需要 IK 节点。可以在 Unity 引擎中将 IK 节点对应生成的游戏对象删除，或者直接在 3ds Max 中将 IK 节点删除后再导入，这样 Unity 引擎在绘制每帧时就不需要再考虑 IK 节点的动作了，由此提高了整体性能。

10．关于模型物体的复制

对于场景中应用的模型物体，可以复制的尽量复制。如果一个 1000 个面的模型物体，烘焙之后复制 100 个，那么它所消耗的资源基本上和一个模型物体所消耗的资源一样多，这也是节省资源、提高效能的有效方法。

8.1.2 模型比例设置

在默认情况下，Unity 引擎中一个单位（1Unit）等于 1m，而在 3ds Max 中默认的单位是 inch（英寸），这就导致我们在模型导出与导入时经常会遇到模型比例错误的问题。这个问题有两种解决方法：一种是在 Unity 引擎中调整模型的 Scale Factor（比例因子）；另一种是在 3ds Max 导出时按照 Unity 引擎的单位进行导出。下面分别对这两种方法进行讲解。

1．在 Unity 引擎中进行调整

模型由 3ds Max 按照 inch 的系统单位导出为.FBX 格式的文件，导出的模型一个单位代表 1 inch，在 Unity 引擎中每个单位代表 1m，而 Unity 引擎导入.FBX 文件是以厘米为最小单位的，因此需要对模型进行一定比例的放大操作，放大比例应该设为多少呢？下面通过一个实验来进行说明。

在 3ds Max 中创建一个 1inch×1inch 的平面模型，参数设置如图 8-4 所示。在导出.FBX 文件时注意把单位设置为厘米（cm），如图 8-5 所示。

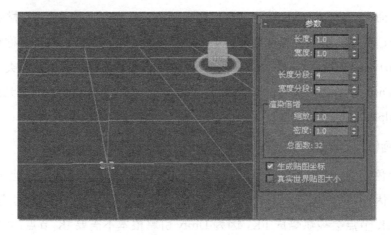

图 8-4　创建平面模型

图 8-5　将导出单位设置为厘米

将 .FBX 文件导入 Unity 引擎后，把 Inspector 面板中的 Scale Factor 设为 1，即放大 100 倍。如图 8-6 所示，左侧为 1m×1m 的地形（Terrain），右侧为放大 100 倍后的平面模型。可以看到，平面模型的边长大约为地形的 2.5 倍，也就是 2.5m 左右。可以来计算一下，在 3ds Max 中，一个 1inch×1inch 的平面模型大小也就是 2.54cm×2.54cm，导入 Unity 引擎后放大 100 倍，变成 2.54m×2.54m（2.54 个单位）的平面模型。

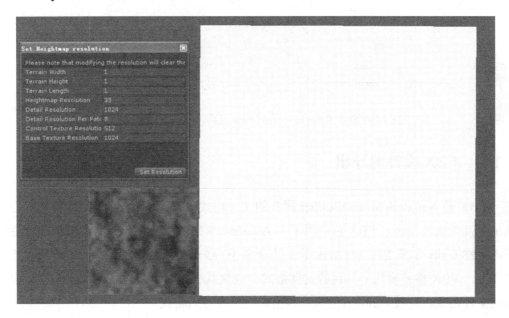

图 8-6　在 Unity 引擎编辑器中进行对比查看

由以上实验我们可以得出结论，如果模型以 cm 为单位从 3ds Max 中导出，则导入 Unity 引擎后放大 100 倍即可得到想要的结果。如果模型以 inch 为单位（默认情况下）从 3ds Max 中导出，则导入 Unity 引擎后需放大 254 倍（1inch×2.54 换算为 2.54cm，然后再乘以 100 倍得到结果）。

其实在 Unity 引擎中放大模型比例有两种方法：一种方法是在 Importer 面板中修改 .FBX 文件的 Scale Factor 数值，将其恢复为 1，但这样做会占用较多模型资源，比较消耗物理缓存；另一种方法是在 Hierarchy 面板中选中待修改的模型，使用 Scale 同时放大 X、Y、Z 各 100 倍，这种方法耗费的资源较少，同时还能通过使用脚本来进行操作，十分方便。

2. 在 3ds Max 中进行调整

在 3ds Max 中进行比例调整除可以利用缩放工具外，还有一种更为方便的方法，即利用工具面板中的 Rescale World Units（重缩放世界单位）工具，直接将 Scale Factor 设置为 100，并在 Affect 选项框中选择 Scene 模式，这样在场景中最后完成的模型都会被整体放大 100 倍，然后选择以 cm 为单位直接导出 .FBX 文件（见图 8-7）。

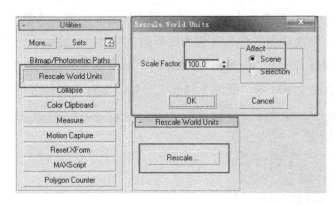

图 8-7 利用 Rescale World Units 工具进行缩放比例设置

8.1.3 .FBX 文件的导出

.FBX 是 Autodesk MotionBuilder 固有的文件格式，该系统用于创建、编辑和混合运动捕捉及关键帧动画，.FBX 也是用于与 Autodesk Revit Architecture 共享数据的文件格式。虽然 Unity 引擎支持 3ds Max 导出的众多 3D 格式文件，但在兼容性和对象完整保持度上，.FBX 格式要优于其他的文件格式，成为从 3ds Max 中输出到 Unity 引擎中的最佳文件格式，也被 Unity 官方推荐为指定的文件导入格式。

当模型或动画特效在 3ds Max 中制作完成后，可以通过 File 菜单下的 Export 选项进行模型导出。我们可以对制作的整个场景进行导出，也可以按照当前选中物体进行导出。接下来，在路径保存面板中选择 .FBX 文件格式，会弹出 FBX Export 设置面板，在该面板中可以对需要导出的内容进行选择性设置（见图 8-8）。

我们可以在 FBX Export 设置面板中设置多边形、动画、摄像机、灯光、嵌入媒体等内容的输出与保存，在 Advanced Options 高级选项中可以对导出的单位、坐标、UI 等参数进行设置。设置完成后单击 OK 按钮，就完成了对 .FBX 格式文件的导出。

第 8 章 Unity 引擎模型的导入与编辑

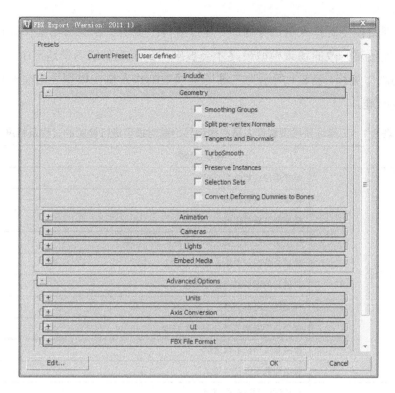

图 8-8　FBX Export 设置面板

8.1.4　场景模型的制作流程和检验标准

在一线游戏研发公司的项目场景制作中，场景美术模型师的工作并不是独立进行的，由于场景模型最终要应用到游戏引擎编辑器中，所以在模型的制作过程中模型师要与引擎编辑器制作人员相互协调配合，而整体制作流程通常也是一个循环往复的过程。图 8-9 所示为游戏项目模型制作的流程工序图。

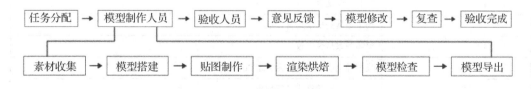

图 8-9　游戏项目模型制作的流程工序图

三维场景模型制作人员在接到分配的工作任务后开始尽心收集素材，然后结合场景原画设定图开始模型的搭建制作，模型完成后开始贴图的制作，在有些项目中还需要将模型进行渲染烘焙，最后将模型按照检验标准进行整体检查后再完成导出。导出的模型素材会提交给引擎编辑器制作人员进行验收，他们会根据场景地形使用的要求提出意见,然后反馈给模型制作人员进行修改,复查后再提交给引擎编辑器制作人员完成模型的验收,经过反复修改的场景模型最终才会被应用到游戏引擎场景地形中,这就是三维场景模型的制作流程。表 8-1 所示为三维场景模型制作人员在模型导出前对模型进行检验的过程及标准。

表 8-1 三维场景模型制作人员在模型导出前对模型进行检验的过程及标准

	模型检验表	
1	模型部分	场景单位设置是否正确
2		模型比例是否正确
3		模型命名是否规范
4		模型轴心是否设置正确,坐标系是否归零
5		场景内是否有空物体存在
6		带通道的模型是否独立出来
7		模型结构是否完整
8		模型是否塌陷并接合为一个整体
9		模型是否存在多余废面
10		模型面数是否符合要求
11	材质贴图	材质贴图类型是否规范
12		贴图命名是否规范
13		贴图格式是否为 DDS
14		贴图尺寸是否规范
15		模型贴图坐标是否正确
16		纹理比例是否合理
17		材质贴图有无重名
18		是否有双面材质
19	整体效果	光影关系是否统一
20		色彩搭配是否协调
21		场景道具的摆放是否合理
22		整体关系是否一致
23	模型导出	模型导出前是否转换为 Edit Poly 模式
24		是否按指定的格式进行导出
25		导出后是否进行优化处理
26	文件管理	项目文件夹是否按规范建立
27		模型制作过程中是否按规范进行备份

8.2 Unity 引擎模型的导入

Unity 引擎模型的导入步骤非常简单，只需要把导出的.FBX 文件拖曳到 Unity 引擎编辑器的项目面板中，就能在引擎编辑器中调用导入的资源。但如果是规模较大的游戏项目制作，所有的美术资源都用这种方法进行导入，那么到后期各种资源必定会杂乱无序，难以管理，所以进行合理的资源文件管理是 Unity 引擎模型导入过程中必不可少的关键步骤。

对于 Unity 引擎中新建的游戏项目，在其项目文件夹中通常会包含几个默认的文件夹，如 Assets、Library 和 ProjectSettings。Assets 文件夹用来存放各种游戏资源，Library 和 ProjectSettings 用来存放游戏项目中的各种数据和设置。在初始状态下，Assets 文件夹下会存在一个名为 Standard Assets 的文件夹，这是新建游戏项目时我们导入的各种预置资源。对于我们需要导入的各种模型美术资源也必须要存放在 Assets 文件夹下，通常在实际项目制作中我们会在 Assets 文件夹下创建一个名为 Object 的文件夹，用来存放模型资源，所有导出的.FBX 文件就被放置于此。在 Object 文件夹下还要包含两个文件夹，分别为 Materials 和 Texture。Materials 文件夹是模型材质球存放的位置，Texture 文件夹则是模型贴图存放的位置，每个模型的名称要与其.FBX 文件、材质球文件及贴图的名称相对应，这样更加便于资源的管理（见图 8-10）。在 Assets 文件夹下我们还可以创建诸如存放脚本的 Script 文件夹、存放音频文件的 Sound 文件夹等一系列资源文件夹，另外我们制作的 Unity 场景文件通常也要存放在 Assets 文件夹下。

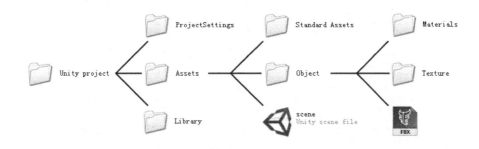

图 8-10　Unity 模型资源文件管理示意图

按照文件管理的合理方式进行资源导入后，重新启动 Unity 引擎编辑器，我们就能在项目面板中看到我们建立的资源文件夹和导入的资源文件了（见图 8-11），之后就可以在项目制作中将导入的资源随时调用到场景当中。

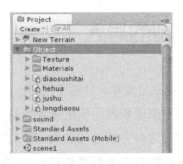

图 8-11　Unity 引擎编辑器项目面板中的资源文件

项目文件管理并没有固定和统一的格式,要根据项目的类型和用户的使用习惯来定,无论具体如何去做,其宗旨都是要让项目资源分类清晰,资源文件定位明确,便于项目管理和资源调用。

8.3　Unity 引擎编辑器模型的设置

将 .FBX 文件导入 Unity 引擎后,我们可以在引擎编辑器的 Project 面板中选择模型文件对其进行查看或设置。在 Inspector 面板中可以对模型的网格(Meshes)、法线(Normals)、动画(Animations)和贴图材质(Materials)进行相关设置,在下方的 Preview 面板中可以对模型进行预览查看(见图 8-12)。下面对常用的参数设置进行简单介绍。

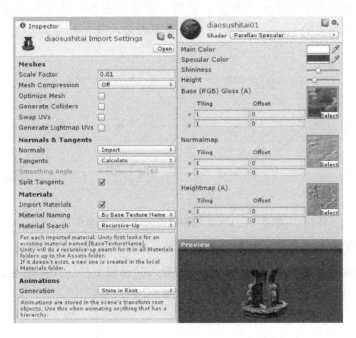

图 8-12　Inspector 面板中模型的参数设置

在 Meshes 选项面板中，可以对模型的比例因子（Scale Factor）进行设置，通过 Mesh Compression 和 Optimize Mesh 可以对模型进行压缩和优化处理，勾选 Generate Colliders 选项后可以让模型整体生成网格碰撞器。下方的 Nromals&Tangents 及 Materials 选项面板通常保持默认即可。如果模型自身带有动画，则可以在 Animations 选项面板中设置动画导入的模式。

Inspector 面板下方为模型导入后自身所带有的材质球，如果出现贴图丢失的现象，则可以为模型材质球重新指定贴图路径。材质球可以对自身的 Shader 进行选择和设置，下面的 Main Color 可以用黑白颜色来控制模型自身整体的敏感度，Specular Color 可以控制高光颜色，Shininess 用来控制模型反光的强度，Height 用来控制法线或凹凸贴图的纹理深度，通过下面的参数可以对每张贴图进行平铺（Tilling）和位移（Offset）设置。游戏模型导入和设置的具体操作会在后面的实例章节中详细讲解。

第9章

Unity/VR 游戏场景实例制作

本章我们将以 3D 游戏场景为例,来讲解如何利用 3ds Max 和 Unity 引擎来完整地制作游戏场景。一个完整的 3D 游戏场景应当包括地表地形、山体岩石、河流水系、树木植被及场景建筑五大元素(见图 9-1)。对于大型野外局部场景的制作,也必须从这几大方面入手,针对不同的部分进行独立制作,最后再将所有模型元素进行整体拼合。其中山体岩石模型、树木植被模型及场景建筑模型需要在 3ds Max 中来完成,地表地形及河流水系元素通常利用游戏引擎编辑器来制作,最后的拼合过程也是通过游戏引擎编辑器来实现的。

图 9-1 包含各种元素的游戏场景

上面讲到的游戏场景五大元素,它们之间存在一种相互依托的关系,这种关系可以用金字塔体系来概括(见图 9-2)。首先,场景的地表地形是借助于引擎地图编辑器来实现的游戏场景平台,野外地图中所有场景元素都必须依托于这个平台来实现,它是整个金字塔体系的根基所在;其次,在地表地形之上通过制作山体岩石模型、树木植被模型和河流水系模型来丰富场景细节,它们与地表地形共同构成了野外地图场景的自然元素部分,这也是游戏野外场景与纯建筑场景的最大区别;最后,在场景自然元素部分之上还要制作场景建筑模型,场景建筑模型在整个金字塔体系当中处于核心位置,它是构成整个场景的主体元素,也是游戏中玩家角色活动的主要区域。整个金字塔体系中的各个元素相互依托,各司其职,缺一不可。

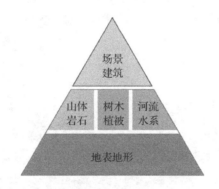

图 9-2 游戏野外场景元素体系图

在了解了野外场景各元素之间的关系后,下面来介绍游戏野外场景的一般制作流程。

(1)在 3ds Max 中制作场景建筑模型、场景装饰道具模型。

(2)在 3ds Max 中制作各种形态的山体岩石模型。

(3)在 3ds Max 中制作各种树木植被模型。

(4)在 3ds Max 中利用 Plane 面片、Alpha 贴图及 UV 动画制作场景瀑布水系。

(5)在游戏引擎地图编辑器中创建、绘制地表地形和地表山脉。

(6)将 3ds Max 中制作的所有场景元素进行导出,然后导入到游戏引擎编辑器中。

(7)利用引擎编辑器将所有场景元素进行整合,进一步编辑制作地图场景的细节。

(8)地图场景基本制作完成以后,在引擎编辑器中添加光影效果、各种粒子和动画特效,对场景整体进行烘托和修饰。

总的来说,游戏野外场景的制作过程仍然遵循了上面的金字塔体系,基本按照金字塔体系从上到下的顺序来制作。首先制作场景建筑模型,然后分别制作各个自然元素部分,最后制作地表地形,并将所有元素进行整合,整个流程是一个"化零为整"的过程,在后面的实例制作中我们也将按照这一流程进行制作。

9.1　3ds Max 场景模型的制作

图 9-3 是本章实例制作的场景平面俯视图，整个场景搭建在地表地形之上，场景周边被山脉环绕，场景中间是建筑群及广场区域，周围地表上被树木及草地植被覆盖。图中右侧为水塘区域，靠近水塘的山脉顶部有瀑布，水塘旁的高地上有一棵巨大的树木。

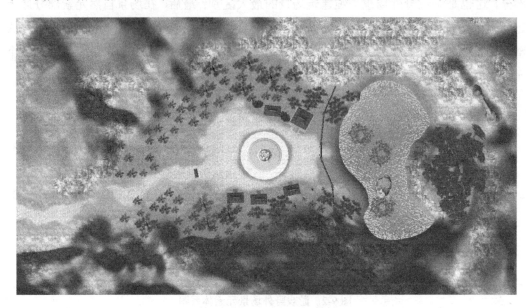

图 9-3　实例场景平面俯视图

整个场景需要制作的模型元素一共分为三部分：场景建筑模型，包括场景中间的水池、喷泉雕塑、周围的房屋建筑模型、墙体模型及相关的场景装饰道具模型等；山体岩石模型，包括场景远处的山体模型及地表上用到的各种岩石模型等；树木植被模型，包括巨型树木模型、水塘中的荷花、水塘附近的竹林及各种地表植物模型等。下面我们将按照流程顺序分别制作场景模型。

9.1.1　场景建筑模型的制作

首先制作场景中的房屋建筑模型，我们需要制作一大一小两组房屋建筑模型，先来制作较大的一组，另一组可以通过复制并修改来快速完成。在 3ds Max 中创建 Box 模型，通过编辑多边形命令制作出房屋的顶脊结构（见图 9-4）。

第 9 章 Unity/VR 游戏场景实例制作

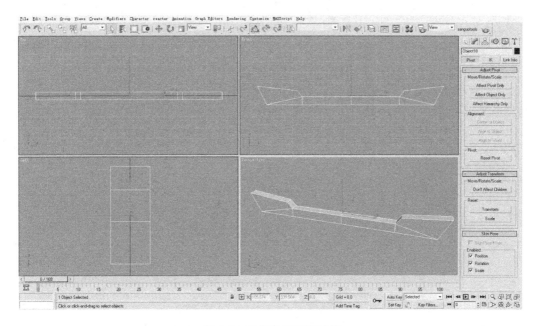

图 9-4 制作房屋顶脊结构

同样，创建 Box 模型，通过编辑多边形命令制作出顶脊两侧的房屋侧脊结构（见图 9-5）。建筑模型的结构大多为对称结构，在多数情况下可以通过复制命令快速完成制作。

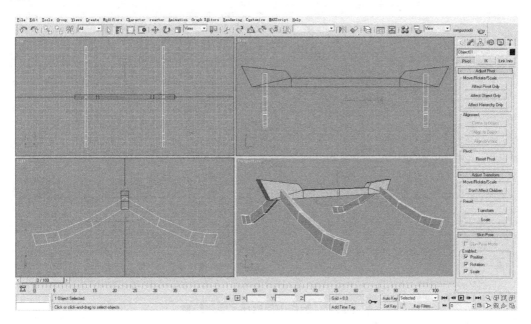

图 9-5 制作房屋侧脊结构

沿着屋脊制作出房顶结构，并向下制作出上层的墙体结构（见图 9-6）。

195

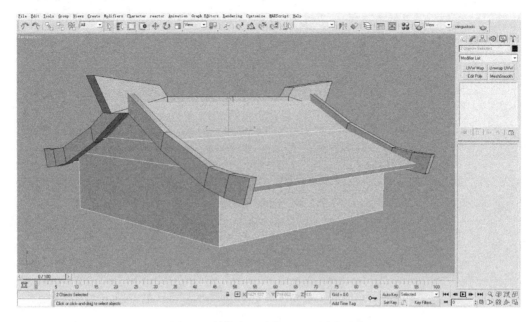

图 9-6 制作房顶结构及上层墙体结构

沿着墙体结构,利用编辑多边形的边层级复制模式,向下制作出中层的檐顶和墙体结构,房檐四角要制作出飞檐的效果,要注意结构和布线的处理方式(见图 9-7)。

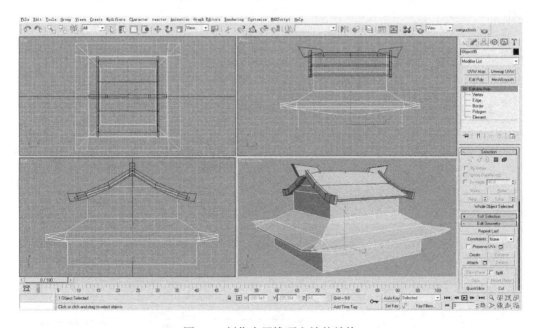

图 9-7 制作中层檐顶和墙体结构

按照同样的方法制作出底层的檐顶和墙体结构,结构完全相同,只是比例稍微放大了一些(见图 9-8)。

第 9 章 Unity/VR 游戏场景实例制作

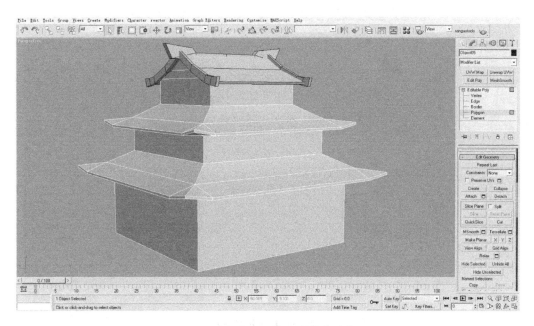

图 9-8 制作底层檐顶和墙体结构

进入编辑多边形的边层级，选择底层房檐正面的所有横向边线，执行 Connect 命令，制作出纵向的分段边线（见图 9-9）。

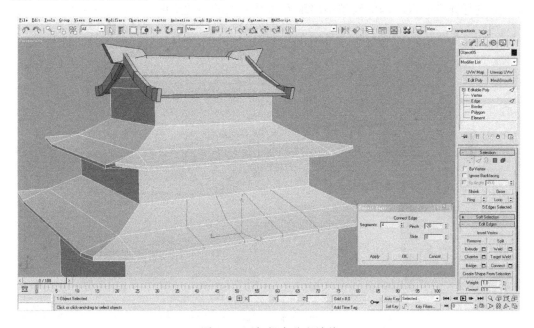

图 9-9 添加纵向分段边线

选中刚刚制作的中间两列纵向分段边线，将其向上提拉，制作出拱顶结构（见图 9-10）。

197

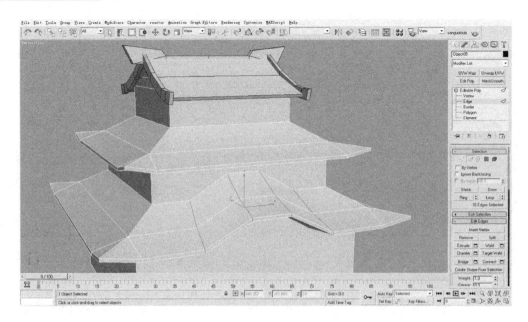

图 9-10　制作拱顶结构

将刚刚制作的模型结构进行布线划分，连接多边形的顶点（见图 9-11），这样做是为了保证每个多边形的面都控制在四边以内。在将模型导入游戏引擎中之前，我们还要对模型进行详细检查，确保模型不出现五边及以上的多边形面。

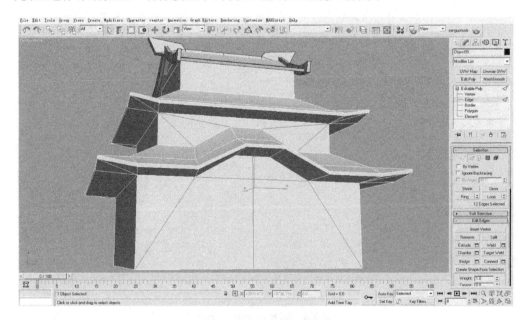

图 9-11　连接顶点

制作中层和底层的屋脊结构，同时在底层墙体四角制作立柱结构（见图 9-12）。

第 9 章 Unity/VR 游戏场景实例制作

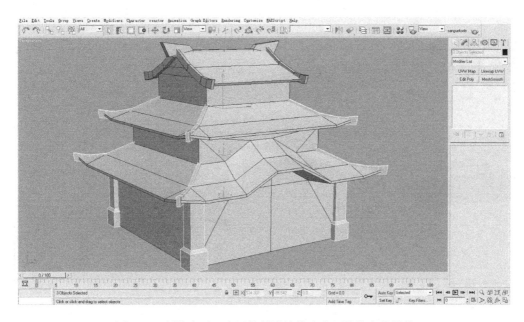

图 9-12 制作中层、底层的屋脊结构和底层墙体立柱结构

在底层房檐四角下、立柱上方制作斗拱结构。斗拱是中国古代建筑的支撑结构，出现在游戏建筑模型中主要起到装饰作用。斗拱结构主要由横向和纵向的 Box 模型编辑拼接而成（见图 9-13）。

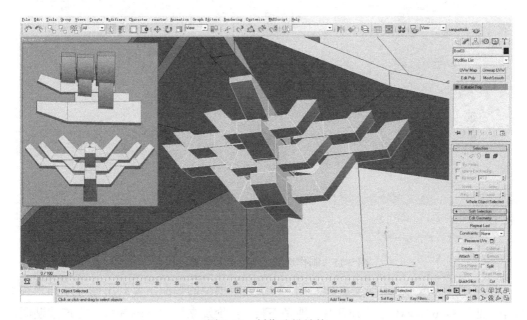

图 9-13 制作斗拱结构

在正门上方、拱顶房檐下，利用 Box 模型制作装饰支撑结构（见图 9-14）。最后制作出建筑的地基底座平台和楼梯结构（见图 9-15），这样房屋建筑模型部分就制作完成了。

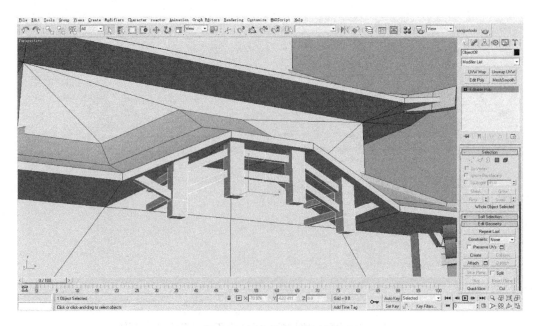

图 9-14　制作装饰支撑结构

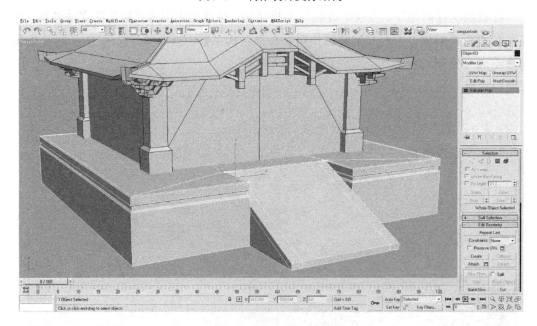

图 9-15　制作地基底座平台和楼梯结构

模型制作完成后，为模型添加贴图。场景建筑模型的贴图主要利用循环贴图来实现效果（见图9-16），墙体、房顶瓦片、地基石砖、台阶及立柱的贴图都是二方连续贴图，我们只需要根据建筑的规模调整贴图 UV 坐标的比例即可。

第9章 Unity/VR 游戏场景实例制作

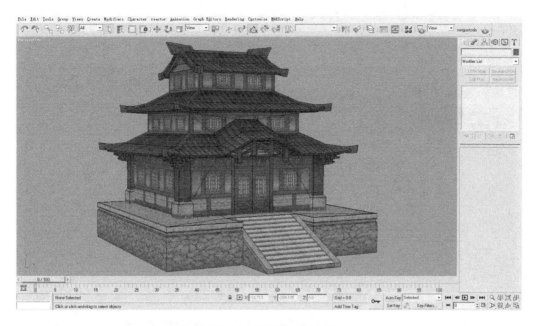

图 9-16 为模型添加贴图

将制作完成的房屋建筑上层、中层和地基底座平台模型复制一份,调整模型的结构比例并进行适当修改,制作出另一组房屋建筑模型(见图 9-17)。

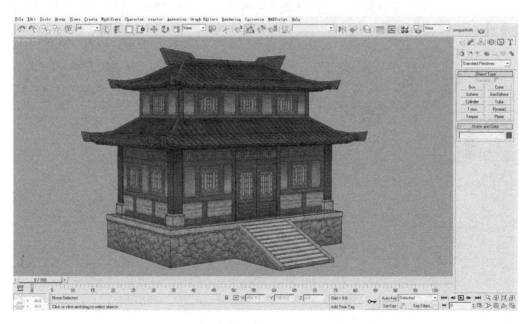

图 9-17 通过复制并修改制作出另一组房屋建筑模型

然后我们还需要制作出建筑附属的墙体、拱门和墙体连接结构模型(见图 9-18)。

201

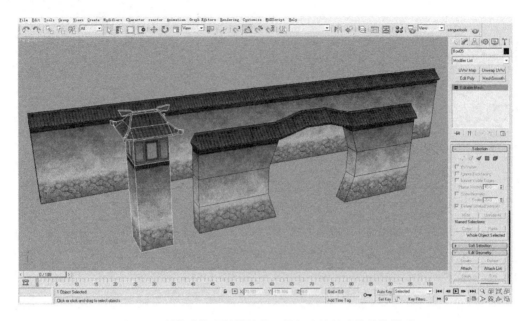

图 9-18　制作建筑附属的墙体、拱门和墙体连接结构模型

接下来制作牌坊建筑模型,其通常用于场景入口处,作为整个场景的门结构。首先制作牌坊的檐顶结构,包括屋脊、房顶和下方的支撑结构(见图 9-19)。接下来制作房顶下方的立柱、牌匾及辅助立柱支撑结构(见图 9-20～图 9-22)。图 9-23 所示是牌坊建筑模型添加贴图后的效果。

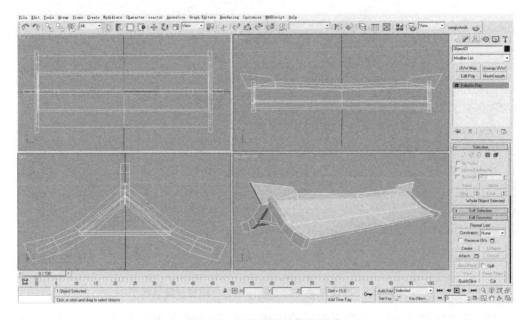

图 9-19　制作牌坊的檐顶结构

第 9 章　Unity/VR 游戏场景实例制作

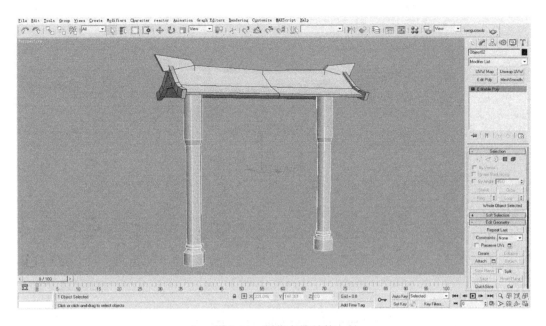

图 9-20　制作立柱结构

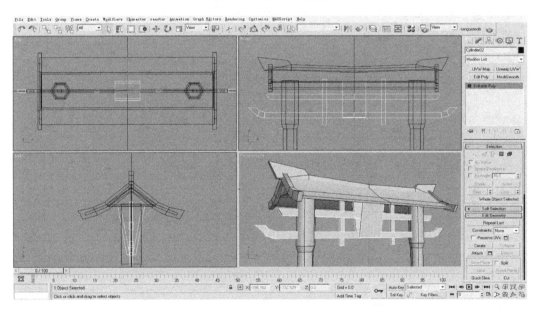

图 9-21　制作牌匾结构

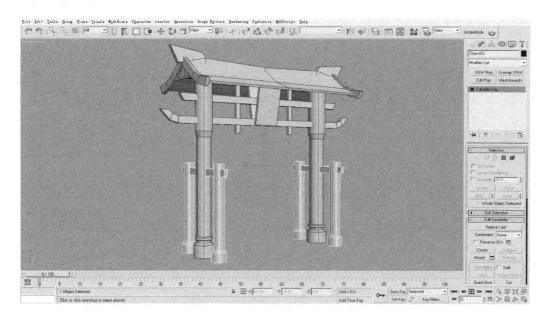

图 9-22　制作辅助立柱支撑结构

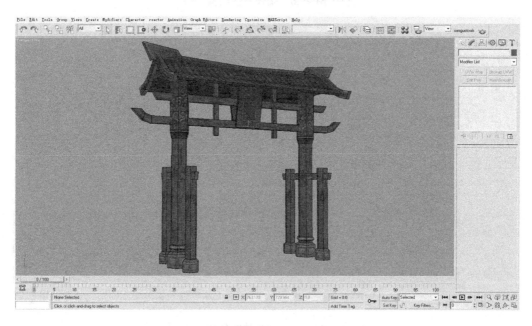

图 9-23　牌坊建筑模型添加贴图后的效果

9.1.2　场景装饰道具模型的制作

本章实例中的场景装饰道具模型主要包括广场水池喷泉雕塑模型、房屋建筑门口的龙形雕塑装饰模型及场景路灯装饰模型等,下面我们首先来制作广场水池喷泉雕塑模型。

首先在 3ds Max 视图中创建 Box 模型,通过编辑多边形命令制作出图 9-24 中的形态,作为喷泉雕塑一根立柱的底座。在编辑多边形的点层级下,利用 Cut 命令切割布线,进一步编辑模型的点线,细化模型结构(见图 9-25)。继续创建 Box 模型,通过编辑多边形命令制作出立柱的顶部结构(见图 9-26)。在立柱模型一侧利用圆柱体模型编辑制作出雕塑顶端的水池(见图 9-27)。进入 3ds Max 层级面板,将立柱的轴心点对齐到圆柱体水池的中心,然后通过旋转复制命令完成其他三面的立柱模型(见图 9-28)。利用圆柱体模型编辑制作出雕塑下方的圆形水池(见图 9-29)。

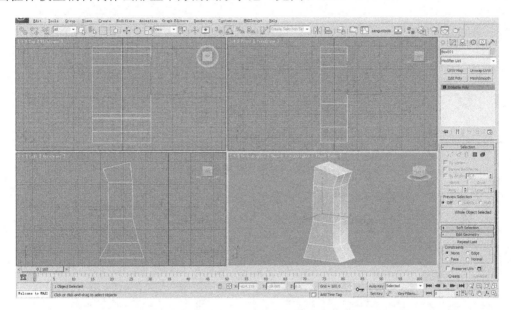

图 9-24　创建 Box 模型

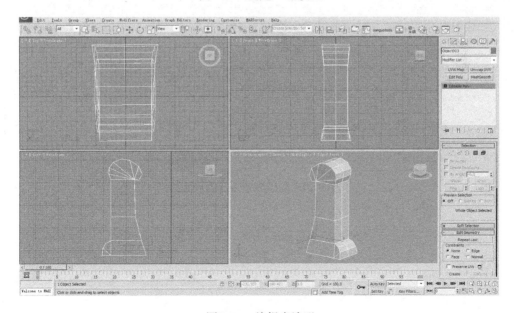

图 9-25　编辑多边形

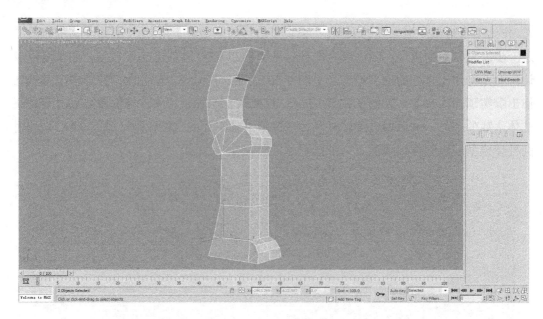

图 9-26　制作立柱顶部结构

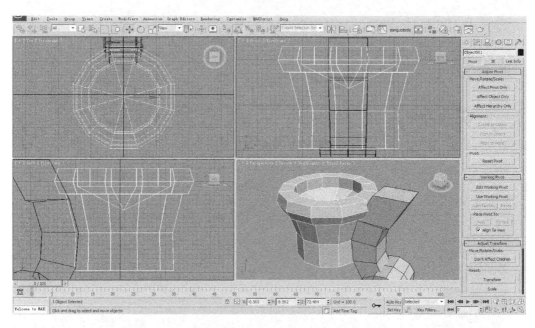

图 9-27　制作雕塑顶端的水池

第 9 章 Unity/VR 游戏场景实例制作

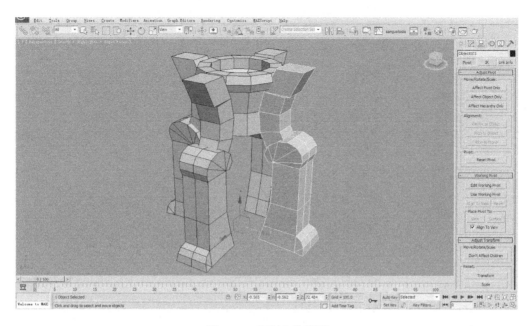

图 9-28 复制立柱模型

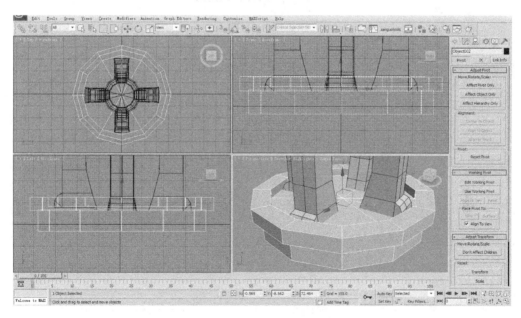

图 9-29 制作雕塑下方的圆形水池

为了增加模型细节，我们在立柱下端制作兽面雕刻模型（见图 9-30）。这样水池雕塑模型部分就制作完成了，图 9-31 所示是为模型添加贴图后的效果。水池雕塑模型制作完成后，再来制作雕塑模型外围的水池平台。在 3ds Max 视图中创建管状体模型，设置合适的分段数（见图 9-32）。然后利用编辑多边形命令进一步编辑模型细节并为水池平台添加贴图（见图 9-33）。到此，场景中央广场水池喷泉雕塑模型就全部制作完成了。

207

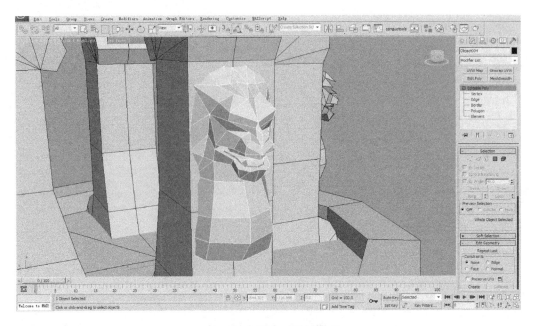

图 9-30 制作兽面雕刻模型

图 9-31 为模型添加贴图

第 9 章 Unity/VR 游戏场景实例制作

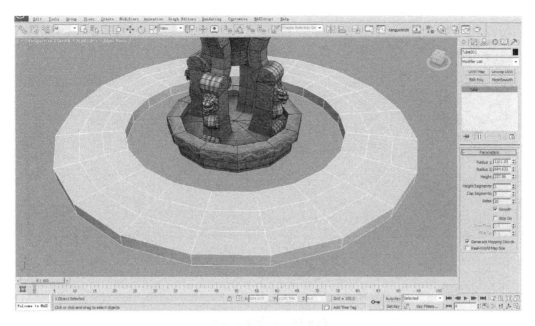

图 9-32 创建管状体模型

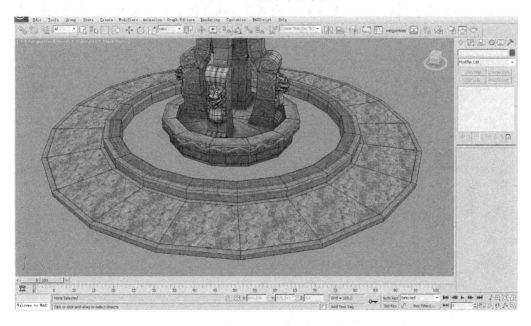

图 9-33 制作完成的水池平台模型

接下来我们再来制作场景路灯装饰模型,将之前制作的房屋建筑顶部和墙体模型复制一份,调整结构比例,作为路灯装饰模型的灯体结构(见图 9-34)。

209

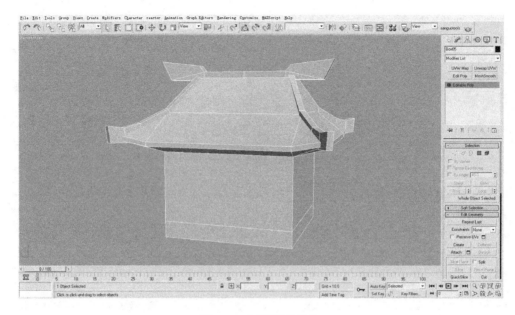

图 9-34 制作灯体结构

利用 Box 模型编辑制作立柱结构,将其放置在灯体下方,接下来制作立柱周围的辅助支撑结构,最后为模型整体添加贴图(见图 9-35)。

图 9-35 制作完成的场景路灯装饰模型

最后我们再来制作房屋建筑门口的龙形雕塑装饰模型,首先在视图中利用 Box 模型编辑制作出龙形的主体外观,可以通过堆栈列表中的 Symmetry 修改器进行模型对称制作(见图 9-36)。

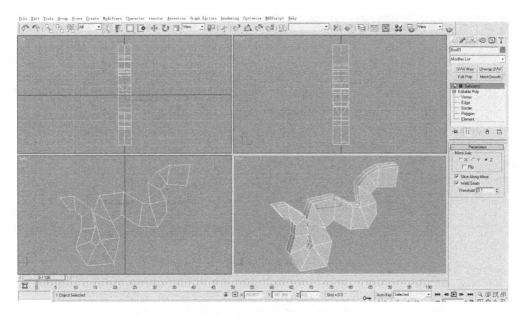

图 9-36 利用 Symmetry 修改器进行模型对称制作

通过切割布线、编辑点线等命令制作出龙头的基本结构，编辑龙头模型细节，制作出牙齿、舌、龙须等模型结构（见图 9-37）。

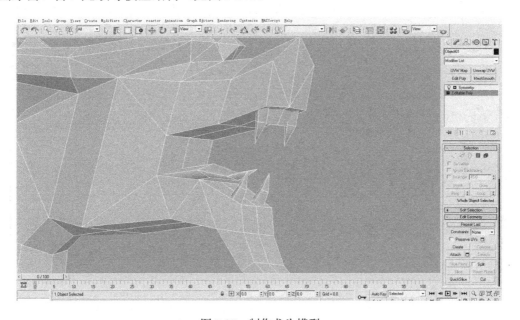

图 9-37 制作龙头模型

接下来制作龙腿和龙爪模型（见图 9-38），只需要制作一侧的模型即可，另一侧可以通过镜像复制来完成。图 9-39 所示是龙形雕塑组装拼接后的效果。接下来制作龙形雕塑下方的石台底座模型（见图 9-40）。然后利用圆柱体模型编辑制作出龙形雕塑和石台底座之间的圆形抱鼓石模型。

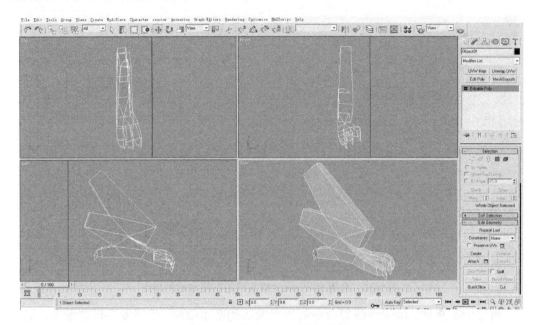

图 9-38 制作龙腿和龙爪模型

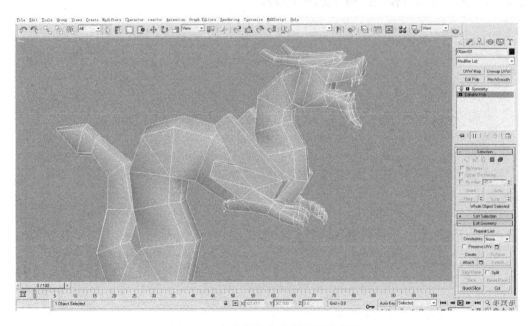

图 9-39 龙形雕塑组装拼接后的效果

第 9 章　Unity/VR 游戏场景实例制作

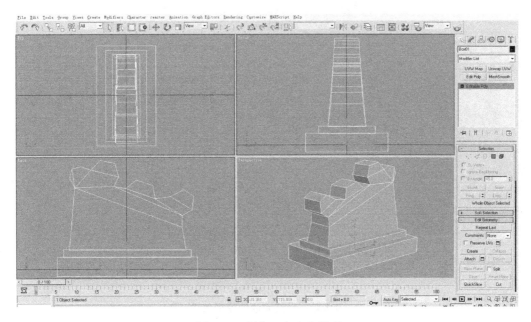

图 9-40　制作石台底座模型

模型制作完成后，在堆栈列表中添加 Unwrap UVW 修改器，开始模型 UV 坐标的平展工作（见图 9-41）。这里我们分别将龙形雕塑模型固定到一起，抱鼓石和石台底座模型固定到一起，将整个模型用两张贴图来处理。图 9-42 所示是模型添加贴图后的最终效果。

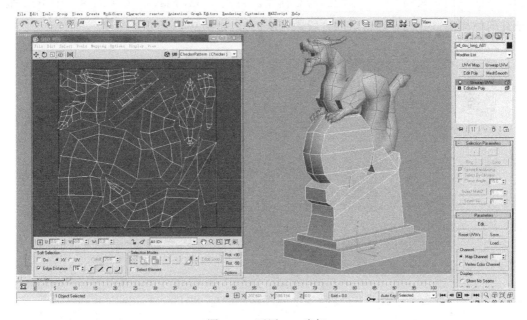

图 9-41　平展 UV 坐标

图 9-42　最终完成的模型效果

9.1.3　山体岩石模型的制作

本章实例中需要制作的岩石模型，一方面用于远景山体的结构造型，另一方面用于近景，起到场景装饰点缀的作用。岩石模型的制作也是通过几何模型的多边形编辑完成的，下面我们先来制作一个基础的岩石模型。首先在 3ds Max 视图中创建一个 Box 基础几何体模型，并设置好合适的分段数（Segs），如图 9-43 所示。

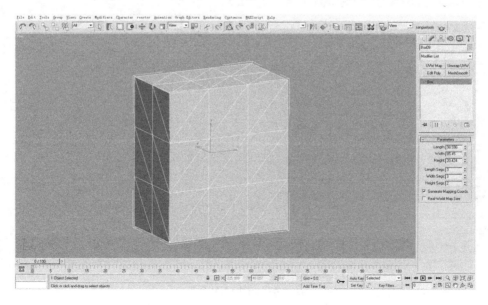

图 9-43　创建适当分段数的 Box 模型

将 Box 模型塌陷为可编辑的多边形，进入点层级模式，利用 3ds Max 的正视图调整模型的外部轮廓，形成岩石的基本外形（见图 9-44）。

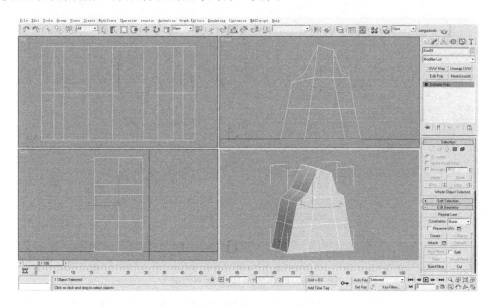

图 9-44　制作岩石外部轮廓

在点层级下进一步进行调整，同时利用 Cut（切线）等命令在合适的位置添加边线，让岩石模型整体趋于圆润，形成体量感（见图 9-45）。

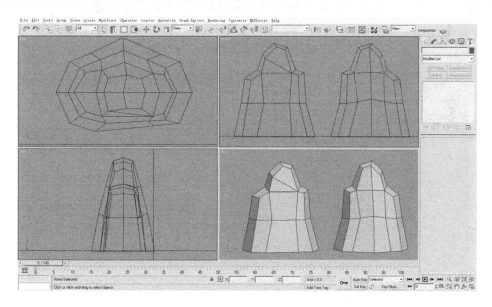

图 9-45　进一步调整模型结构

下一步需要制作岩石模型表面的细节，利用 Cut 命令添加划分边线，然后利用多边形层级下的 Bevel（倒角）或 Extrude（挤出）命令制作出岩石外表面的突出结构（见

图 9-46），这样的结构可以根据岩石形态多制作几个。

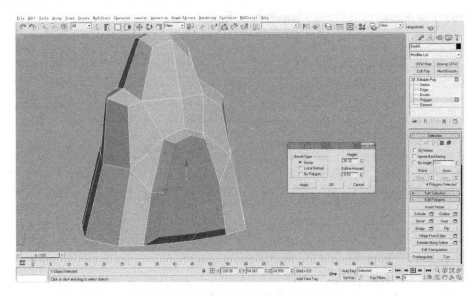

图 9-46　制作岩石模型表面的细节

图 9-47 所示是制作完成的岩石模型，可以通过四视图观察其整体形态结构。模型整体用面非常简练，像这种基础的单体岩石模型在实际项目制作中通常控制在 100 个面左右。最后我们还需要为模型设置光滑组，通常来说可以选择所有的多边形面，为其设置统一的光滑组，这样可以避免导入游戏引擎后出现光影投射问题。

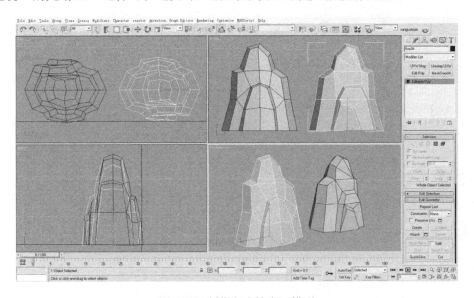

图 9-47　制作完成的岩石模型

岩石模型制作完成后，需要为其添加贴图。其实游戏场景中的山体岩石模型要想制作得真实自然，40%靠模型来完成，而剩下的 60%都需要靠模型贴图来完善。模型仅仅是创造出了石头的基本形态,其中的细节和质感必须通过贴图来表现。现在大多数游戏项目制作中对于山体岩石模型,最为常用的贴图类型是四方连续贴图。所谓四方连续贴图,就是指在 3ds Max UVW 贴图坐标系统中,贴图在上、下、左、右四个方向上可以实现无缝对接,从而可以达到无限延展的贴图效果(见图 9-48)。

图 9-48 四方连续贴图的原理

如果想让岩石模型更加生动自然,则可以将岩石模型的 UV 网格进行平展,然后将网格线框图导出到 Photoshop 中进行绘制。绘制的时候需要根据 UV 网格中的岩石模型结构进行对应绘制,最后完成的石质贴图与原模型一对一匹配,而这张贴图也无法应用于其他结构的岩石模型。利用这种方法制作的岩石模型更具真实感,更加风格化,这里我们就利用这种方法来为上面制作的岩石模型绘制贴图,模型的贴图风格我们应用了中国风的水墨山石风格(见图 9-49)。

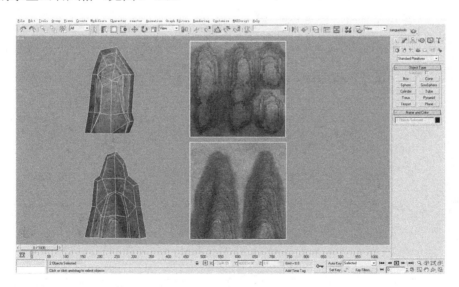

图 9-49 为岩石模型添加贴图

对于制作完成的岩石模型,我们可以通过挤压、缩放等命令调整其比例结构,从而得到更多外观形态不一的岩石模型。如图 9-50 所示,我们将左侧的岩石模型进行向下挤压操作，右侧的岩石模型则将整体结构向上拉起并缩放，这样我们就得到了另外两种形态的岩石模型。

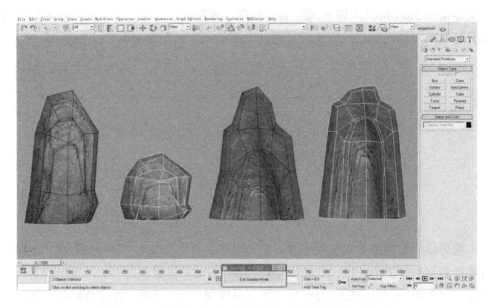

图 9-50　通过执行挤压、缩放等命令得到新的岩石模型

接下来将上面制作的单体岩石模型进行拼接组合，得到更多形态各异的组合式岩石模型，如图 9-51 所示，右侧的岩石模型还加入了松树模型。

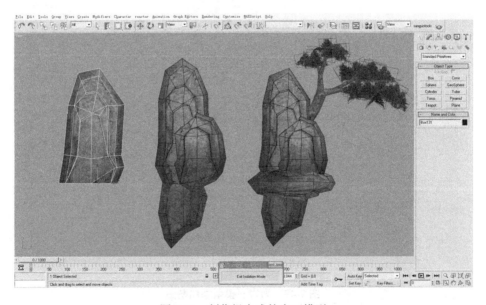

图 9-51　制作组合式的岩石模型

虽然在大型野外场景的制作中需要用到大量的单体岩石模型，但并不是每块岩石都需要独立制作，通常我们只会制作几个形态各异的单体岩石模型，通过旋转、缩放或排

列组合等操作来得到其他形态的岩石模型,这种以少量资源来实现复杂化场景构建的思路是制作大型游戏场景的核心指导思想。

接下来我们利用同样的方法制作另外两个独立的岩石模型,分别用于场景瀑布上方和场景右侧水塘中央,用来丰富场景细节(见图 9-52 和图 9-53)。

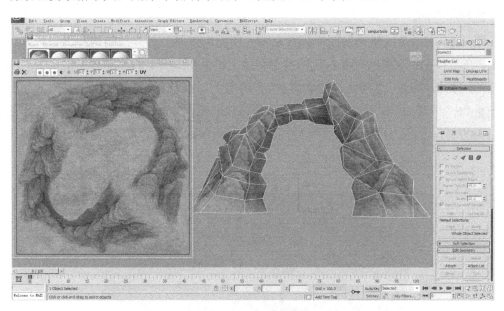

图 9-52　制作拱形岩石模型

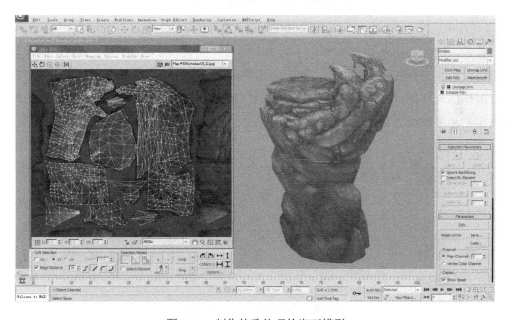

图 9-53　制作特殊纹理的岩石模型

9.1.4 树木植被模型的制作

本章实例场景中的树木植被模型,我们尽量利用 Unity 引擎预置资源中提供的模型素材,另外还需要制作两种特殊类型的树木植被模型——巨树和竹林,下面分别来讲解制作流程和方法。

图 9-54 所示是巨树模型的原画设定图,要制作该模型必须从结构和形态两方面来把握。在结构上,这棵树有着粗壮的主干和地上根系,在枝干的末端分生出众多的细枝和叶片,另外,在枝干之间还缠绕着树藤。在形态上,这棵树的整体形态呈发散的扇形,主干呈"S"形弯曲,根系像爪子一样紧紧地抓住地面,另外树干为褐色,树叶为红色。在后面的制作中,我们要按照这些特征去制作树木的根、干和叶片,下面开始具体制作。

图 9-54 巨树模型的原画设定图

首先,在 Photoshop 中绘制 4 种不同形态的枝叶的 Alpha 贴图,为了节省贴图数量,我们可以将其合并在一张贴图上。然后将贴图赋予 Plane 面片模型,并利用旋转复制的方式制作出十字插片模型,以备后用,这样通过不同形态的十字插片可以增加树木模型的真实性和多样性(见图 9-55)。

图 9-55 制作枝叶 Alpha 贴图面片

接下来制作树木的主干模型,在视图中创建 Cylinder(圆柱体)模型,设定好合适的分段数,通常树干的立面分段数设定为 9~12,横截面分段数根据植物形态具体设定,然后通过编辑多边形命令将其制作成如图 9-56 所示的形态。这里之所以选择圆柱体作为基础模型，主要是为了后面处理 UV 坐标更加方便。利用同样的方法制作树木的枝干模型，作为枝干，立面分段数可以相应减少（见图 9-57）。利用缩放、复制等命令操作，将枝干模型分布在主干模型的不同位置上（见图 9-58）。接下来从主干模型向下延伸，制作出树根模型（见图 9-59）。我们按照同样的方法，或者利用复制的方式，制作出其他形态的树根模型，这样树木整体树干和根系的主体模型就制作完成了（见图 9-60）。

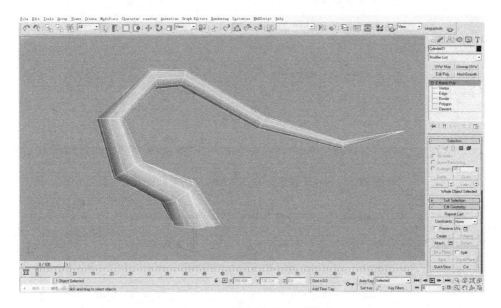

图 9-56　制作树木的主干模型

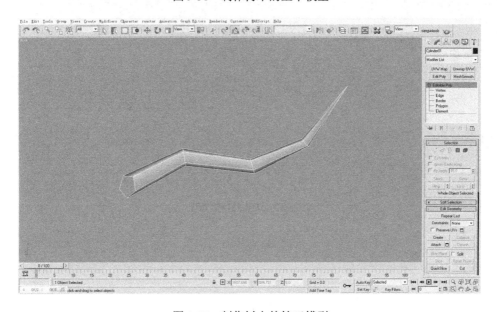

图 9-57　制作树木的枝干模型

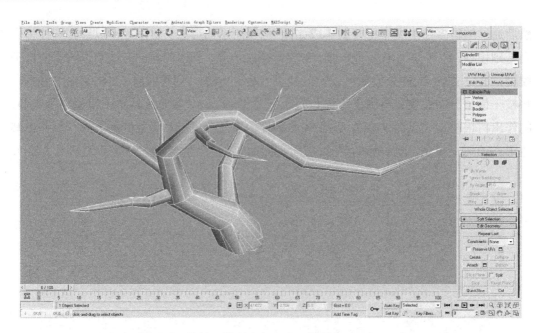

图 9-58 将枝干模型分布在主干模型的不同位置上

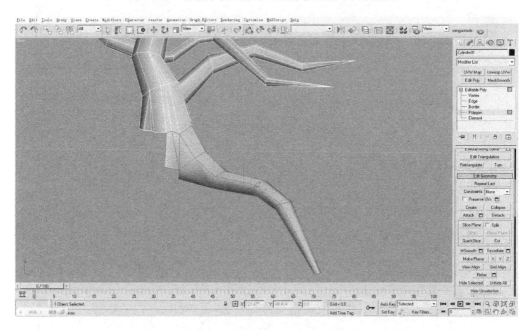

图 9-59 制作树根模型

第 9 章 Unity/VR 游戏场景实例制作

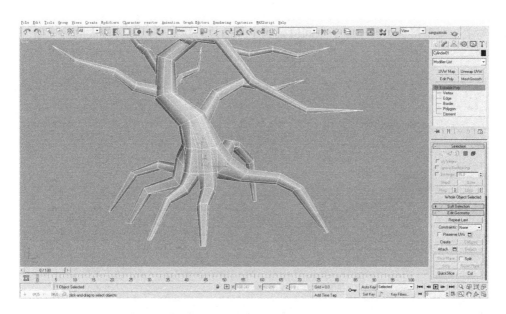

图 9-60 制作完成的树木主体模型

然后为树干和根系的主体模型添加贴图,这里我们选择了一张四方连续的树皮纹理贴图(见图 9-61),因为之前是利用圆柱体模型制作的,所以对于模型的 UV 基本不需要太多操作,只要调整一下 UV 和贴图的整体大小比例即可。另外,可以适当处理一下根系与主干附近的贴图接缝。

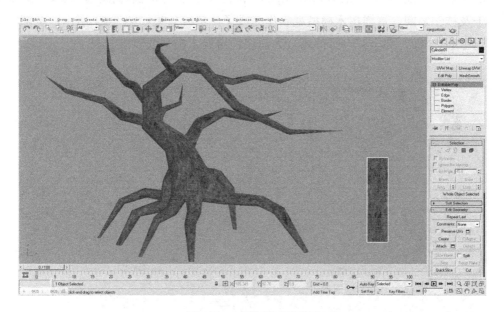

图 9-61 为模型添加贴图

接下来就是插片的过程了,首先我们从主干的末端开始插片,将之前制作好的十字插片模型利用复制、缩放和移动命令,调整到如图 9-62 所示的位置,保证面片模型中贴图的枝干与主干模型接合。对于主干中间位置的十字插片，我们可以整体放大面片模型。

图 9-62　进行插片操作

总体来说，十字插片的制作方法还是比较简单的，在插片的时候要时刻观察四视图，及时调整面片的位置，保证面片模型在各个视角中的形态美观，同时尽量减少十字插片之间的穿插（见图 9-63）。最后利用 Alpha 贴图制作出树藤的面片模型，将其穿插摆放在主干及枝干之间，这样树木模型就制作完成了，最终效果如图 9-64 所示，全部模型还不足 1000 个面，完全符合野外场景大面积种植树木模型的要求。

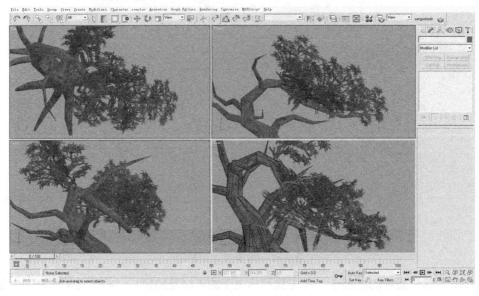

图 9-63　在四视图中调整面片位置

第 9 章　Unity/VR 游戏场景实例制作

图 9-64　制作完成的模型效果

最后还需要额外说明的是双面贴图的制作方法，树木植被模型制作完成以后，在导入游戏引擎编辑器之前，三维美术师必须要在 3ds Max 中将树木植被带有 Alpha 贴图的模型部分处理成双面效果。最简单的方法就是勾选材质球设置当中的"2-Sided"复选框（见图 9-65 左图），这样贴图材质就会有双面效果。虽然现在大多数游戏引擎也支持这种设置，但这却是一种不可取的方法，主要是因为这种方法会大大加重游戏引擎和硬件的负担，在游戏公司实际项目制作中不提倡这种做法。

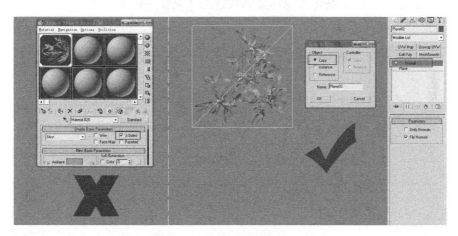

图 9-65　双面贴图的制作方法

正确的做法是：选择叶片模型，按【Ctrl+V】快捷键原位置复制（Copy）一份模型，然后在堆栈命令列表中对新复制的模型执行 Normal（法线）命令，并将新复制的模型法线进行翻转，这样就形成了无缝相交的双面模型效果（见图 9-65 右图）。虽然这种方法增加了模型面数，但是却并没有给游戏引擎和硬件增加多少负担，这也是当下游戏制作领域中最为通用的双面贴图制作方法。

接下来我们再来制作竹林模型。首先要制作单棵竹子模型，竹子模型的制作方法与上面的巨树模型基本相同，都利用"十字插片法"来制作。我们可以将竹子的枝叶制作成一张 Alpha 贴图，然后利用十字交叉的 Plane 面片分布在主干周围（见图 9-66）。

图 9-66　制作竹子枝叶 Alpha 贴图面片

竹子的主干可以制作成自然弯曲的形态，枝叶面片分布要尽量均匀，多利用旋转、缩放等命令调整面片，让整体外观尽量真实自然（见图 9-67）。

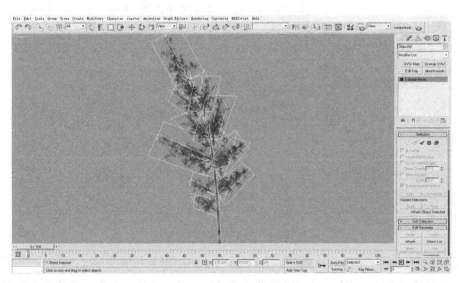

图 9-67　单棵竹子模型效果

制作完单棵竹子模型后，我们可以利用旋转复制和缩放复制等方式制作出其他几棵竹子模型，让其成组分布，形成小片竹林的效果（见图 9-68）。

图 9-68　成组的竹林模型

之后我们可以将这一小片的竹林模型整体导出为 .FBX 文件，然后导入 Unity 引擎编辑器中，通过合理的分布排列实现大面积的竹林效果（见图 9-69）。

图 9-69　导入 Unity 引擎编辑器中实现的竹林效果

9.2　Unity 地形的创建与编辑

场景模型元素制作完成后，下一步我们就要在 Unity 引擎编辑器中创建场景地形。地形是游戏场景搭建的平台和基础，所有美术元素最终都要在引擎编辑器的地形场景中进行整合。创建地形之前需要在 Photoshop 中绘制出地形的高度图，其决定了场景地形的大致地理结构，如图 9-70 所示，图中黑色部分表示地表水平面，越亮的部分表示地形凸起海拔越高。高度图的导入可以方便后面更加快捷地进行地形编辑与制作。

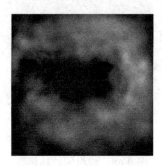

图 9-70　在 Photoshop 中绘制地形高度图

启动 Unity 引擎编辑器，首先通过 Terrain 菜单下的创建地形命令创建出基本的地形平面，然后单击 Terrain 菜单下的 Set Heightmap resolution 命令设置地形的基本参数，我们将地形的长、宽、高分别设置为"800""800""600"，其他参数保持不变，然后单击 Set Resolution 按钮（见图 9-71）。

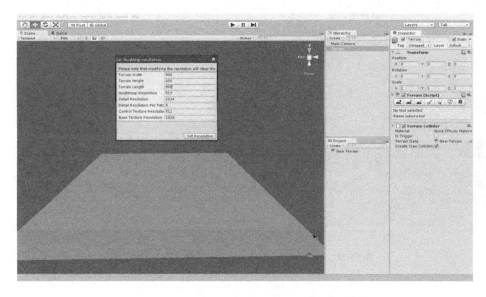

图 9-71　创建地形平面并设置地形的基本参数

地形尺寸设置完成后，通过 Terrain 菜单下的 Import Heightmap 命令导入之前制作的地形高度图（见图 9-72）。

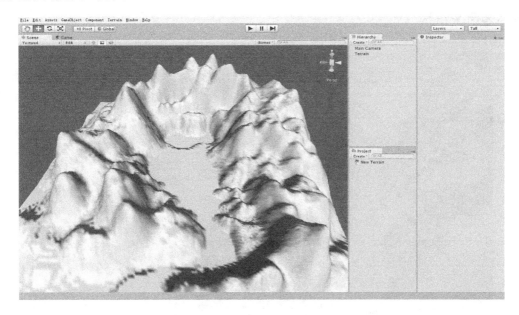

图 9-72　导入地形高度图

基本的地形结构创建出来后，我们需要利用 Inspector 面板中地形面板中的 Smooth Height 工具对地形进行柔化处理，这样做是为了消除地形高度图导入造成的地形中粗糙的起伏转折（见图 9-73）。

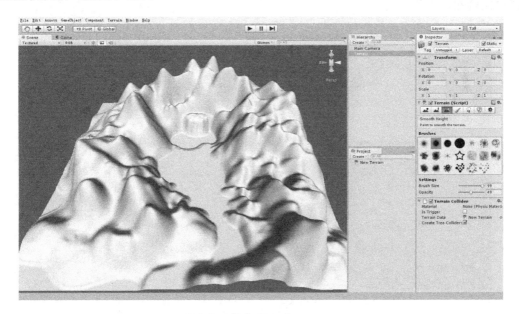

图 9-73　柔化地形

接下来通过地形面板中的绘制高度（Paint height）工具制作出山地中央的平坦地形，这是后面我们用来放置场景模型的主要区域，也是游戏场景中角色的行动区域（见图9-74）。

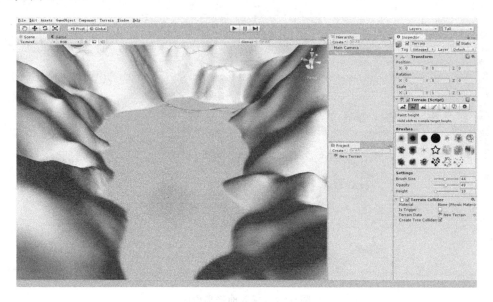

图9-74　利用绘制高度工具制作地表平面

通过地形凹陷工具或绘制高度工具制作出凹陷的地形结构，这里将作为水塘区域（见图9-75）。在地形绘制过程中可以反复利用柔化工具来进行处理，让地形结构的起伏更加自然、柔和。

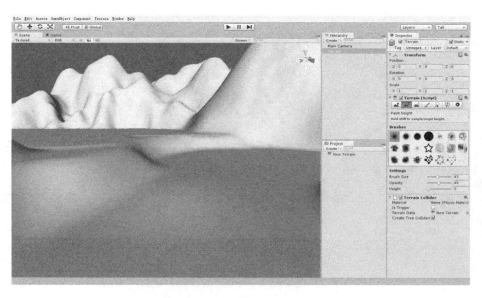

图9-75　制作凹陷的水塘地形

在水塘靠近山脉的一侧，用绘制笔刷制作出两个平台式地形结构，较低的平台用来放置巨树模型，较高的平台后面用来制作瀑布效果（见图 9-76）。

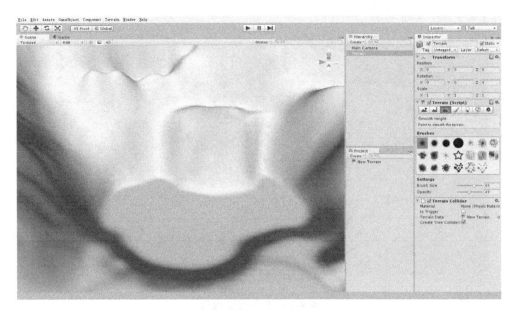

图 9-76 制作高地平台

基本的地形结构制作完成后，在地形面板中为地形添加一张基本的地表贴图，这里选择一张草地的贴图作为地形的基底纹理，在设置面板中将贴图的 Tile Size X/Y 平铺参数设置为 5，缩小贴图比例，让草地纹理更加密集（见图 9-77）。

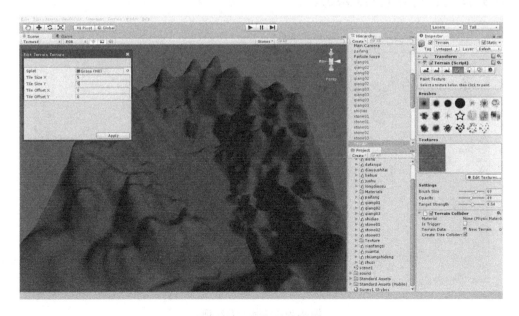

图 9-77 添加地表贴图

继续导入一张接近草地色调的岩石纹理贴图,选择合适的笔刷,在凸起的地形结构上进行绘制,这一层贴图主要用于过渡草地和后面的岩石纹理(见图9-78)。

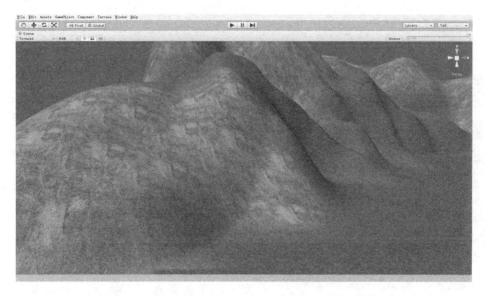

图9-78　绘制过渡纹理

接下来导入一张质感坚硬的岩石纹理贴图,在地形凸起的区域进行小范围的局部绘制,形成山体的岩石效果(见图9-79)。第四张地表贴图为石砖纹理贴图,用来绘制场景的地面区域,主要用作角色行走的道路,这里要注意调整笔刷的力度和透明度,处理好石砖与草地的衔接(见图9-80)。

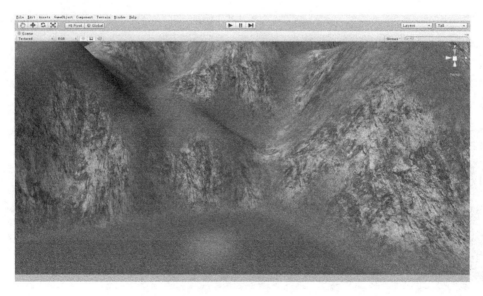

图9-79　绘制岩石纹理

第 9 章 Unity/VR 游戏场景实例制作

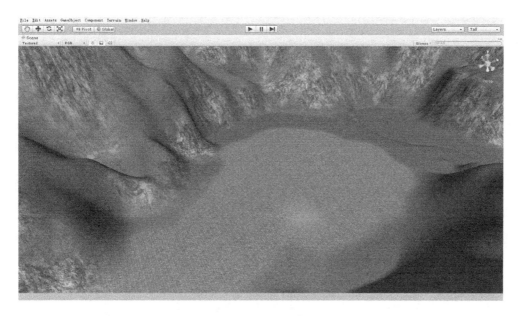

图 9-80 绘制石砖纹理

基本的地表贴图绘制完成后，启动地形面板中的植树工具模块，导入 Unity 预置资源中的基本树木模型，选择合适的笔刷大小及绘制密度，在草地贴图区域范围内进行种树（见图 9-81）。在树木模型周围的草地贴图区域内进行草地植被模型的绘制（见图 9-82）。

图 9-81 种植树木

图 9-82　绘制草地植被模型

接下来在 Unity 引擎编辑器中通过 GameObject 菜单下的 Create Other 选项来创建一盏 Directional light 光源，用来模拟场景的日光效果。利用旋转工具调整光照的角度，在 Inspector 面板中对灯光的基本参数进行设置，将 Intensity（光照强度）设置为 0.8，选择光照的颜色，将阴影模式设置为 Soft Shadows，同时添加并设置耀斑效果（Flare），如图 9-83 所示。

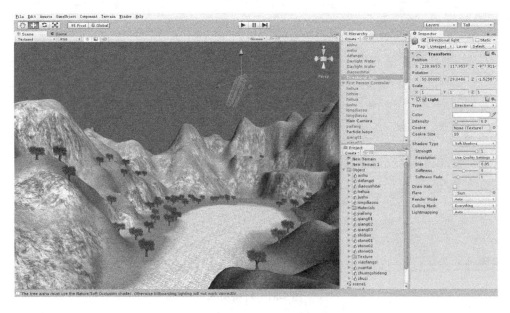

图 9-83　创建 Directional light 光源

最后单击 Edit 菜单中的 RenderSettings 选项,在 Inspector 面板中添加 Skybox Material,为场景添加天空盒子(见图 9-84),这样整个场景的基本地形环境效果就制作完成了。

图 9-84　为场景添加天空盒子

9.3　模型的导入与设置

基本地形制作完成后,我们需要对之前制作的模型元素进行导出和导入的相关设置。首先需要将 3ds Max 中的模型文件导出为.FBX 格式的文件,导出前需要在 3ds Max 中进行一系列的格式规范化操作。

执行 3ds Max 菜单栏中 Customize(自定义)菜单下的 Units Setup→System Unit Setup 命令,将系统单位设置为 Centimeters(厘米)。接下来打开之前制作的场景模型文件,在模型旁边创建一个长、宽、高分别为"100""100""180"的 Box 模型,用来模拟正常人体的大小比例(见图 9-85)。

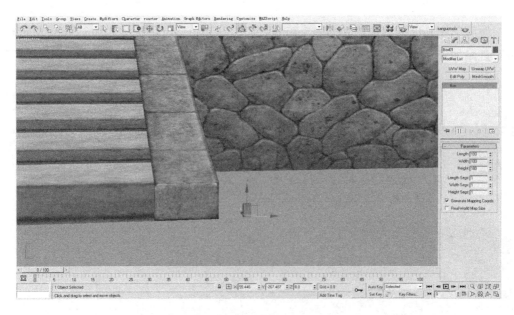

图 9-85　创建 Box 模型

我们发现建筑模型的整体比例大过 Box 模型太多了，这时就需要根据 Box 模型利用缩放命令调整建筑模型的整体比例，将其缩放到合适的尺寸（见图 9-86）。

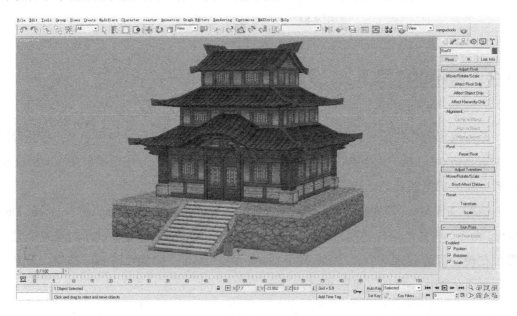

图 9-86　将建筑模型缩放到合适的尺寸

在 3ds Max 工具面板中选择 Rescale World Units 工具，将导出时的 Scale Factor 设置为 100（见图 9-87），也就是说在模型导出时会被整体放大 100 倍，这样做是为了使模型导入 Unity 引擎编辑器后保持跟 3ds Max 中的模型尺寸相同，具体原理在第 5 章的内容中已经详细讲解过。最后在导出前我们还需要保证模型、材质球及贴图的命名格式规范且名称统一，检查模型的轴心点是否处于模型水平面中央，模型是否归位到坐标轴原点，一切都符合规范后我们就可以将模型导出为.FBX 格式的文件了。

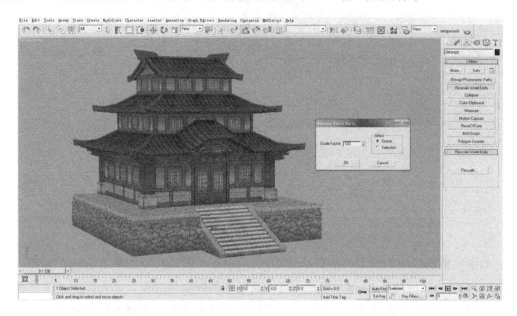

图 9-87　利用 Rescale World Units 工具设置导出比例因子

在将.FBX 文件导入 Unity 引擎编辑器之前，需要对 Unity 项目文件夹进行整理和规范。在 Assets 文件夹下创建 Object 文件夹，用来存放模型、材质球及贴图文件资源。在 Object 文件夹下分别创建 Materials 和 Texture 文件夹，用来存放模型的材质球文件和贴图文件（见图 9-88）。

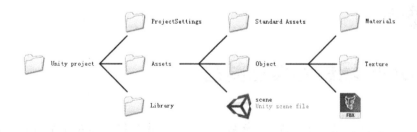

图 9-88　Unity 项目文件夹结构

接下来我们可以将.FBX 文件及贴图文件复制到创建好的资源目录中，然后启动 Unity 引擎编辑器，这样就能在 Project 面板中看到导入的各种资源文件了。下一步对导入的模型进行设置，选中 Project 面板中的模型资源，我们可以在 Inspector 面板中对模型的 Shader 进行设置，如果出现贴图丢失，则可以重新指定贴图的路径位置（见图 9-89）。

图 9-89　将模型导入 Unity 引擎编辑器并进行设置

本章实例场景中的模型都配有法线贴图，所以在一般情况下选择 Bumped Diffuse 或 Bumped Specular 这两种 Shader 模式，可以对贴图的固有色亮度、高光亮度及高光范围进行设置。这里需要说明的是，我们对模型材质的设置虽然是在模型的属性面板中进行的，但实际上我们调整的是场景中材质球的属性，所以调整一个模型的材质球属性，其他应用这个贴图的模型的材质球会关联变动。

另外，我们可以设置模型的碰撞盒。对于结构复杂的模型，我们需要对碰撞区域进行单独制作；而对于模型数量较少且面数较少的模型，我们可以在 Inspector 面板中勾选 Generate Colliders 选项，这样整个模型就会以自身网格作为碰撞盒与玩家角色发生物理碰撞阻挡。

9.4　Unity 场景元素的整合

场景地形创建完成、模型导入设置完毕后，下一步我们就要对整个游戏场景的美术元素进行整合了。场景元素的整合从根本上来说就是让场景模型与地形之间进行完美衔接，确定模型在地表上的摆放位置，实现合理化的场景结构布局。在这一步开始前，通常我们会将所有需要的模型元素全部导入 Unity 引擎编辑器的场景视图中，然后通过复制的方式随时调用适合的模型。实际制作时通常按照场景建筑模型、树木植被模型和山体岩石模型的顺序导入和摆放，下面我们开始实际制作。

首先将喷泉雕塑模型和圆形水池平台模型导入并放置于场景中央（见图9-90），调整模型之间的位置关系。模型摆放完成后要利用地形工具绘制模型周边的地表贴图，保证模型和地表完美衔接。

图9-90　将喷泉雕塑模型和圆形水池平台模型放置在场景中央

以喷泉雕塑模型和圆形水池平台模型为中心，在其周围环绕式分布放置房屋建筑模型，左侧为一大一小两座房屋建筑，右侧为三座小型房屋建筑，同样要修饰房屋建筑模型周围的地表贴图（见图9-91）。

图9-91　布局房屋建筑模型

在场景入口的道路中间放置牌坊模型（见图 9-92）。在场景地面与水塘交界处构建起围墙结构（见图 9-93），利用多组墙体模型组合构建，墙体模型之间利用塔楼做衔接，在中间设置拱门墙体。这样通过墙体结构将整体场景进行了区域分割，墙体可以阻挡玩家的视线，玩家穿过墙体后会发现别有洞天，这也是实际游戏场景制作中常用的处理方法。

图 9-92　放置牌坊模型

图 9-93　构建围墙结构

对于这种结构相对较小的场景模型，在引擎编辑器中进行移动、旋转等操作的时候要格外注意操作的精度，确保模型间穿插衔接不会出现穿帮现象（见图 9-94）。场景建筑模型基本整合完成后，下面我们开始导入场景中的树木植被模型。首先将巨树模型放置在水塘靠近山体一侧的平台地形上，让树木的根系一半扎入地表之下，一半裸露在地表之上，利用地形绘制工具处理好地表与巨树根系的衔接（见图 9-95）。

图 9-94　墙体的衔接处理

图 9-95　导入巨树模型

导入成组的竹林模型，将其放置在房屋建筑后方的地表及水塘边上，通过复制的方式营造大片竹林的效果，每一组模型可以通过旋转、缩放等方式进行细微调整，让其具备真实自然的多样性变化（见图9-96）。接下来在场景中导入山体岩石模型，在水塘中放置特殊纹理的岩石模型（见图9-97），主要用来装饰水塘的地形结构。在巨树模型后方的高地平台上放置拱形岩石模型，后面我们会在这里制作瀑布特效（见图9-98）。

图 9-96　大面积布置竹林模型

图 9-97　放置特殊纹理的岩石模型

图 9-98 放置拱形岩石模型

将之前制作的各种单体岩石模型导入并放置于地表山体之上（见图 9-99），它们主要用来营造远景山体效果。当设置场景雾效后，这些山体模型会隐藏到雾中，只会呈现外部轮廓效果。

图 9-99 制作远景山体效果

最后导入场景建筑附属的场景装饰模型，如大型房屋建筑门前的龙形雕塑装饰模型（见图 9-100）及拱门墙体门口的场景路灯装饰模型（见图 9-101），这类场景装饰模型可以在场景中大量复制使用。

图 9-100　导入龙形雕塑装饰模型

图 9-101　导入场景路灯装饰模型

9.5 添加场景特效

在引擎编辑器中完成了场景建筑、树木植被、山体岩石等模型的布局后,最后一步需要为游戏场景添加各种特效,从而进一步烘托场景氛围,增强场景的视觉效果。在本章的实例制作中,主要为场景添加水面、瀑布、喷泉、落叶等粒子特效,以及为整个场景地图添加雾效。

首先从项目面板中调用 Unity 预置资源中的 Daylight Water(水面效果),将其添加到场景视图中,利用缩放工具调整水面的大小尺寸,对齐放置在喷泉雕塑所在的水池中。因为是近距离观察的水面,所以我们将 Water Mode 设置为 Refractive(折射)模式(见图 9-102)。

图 9-102 制作水池水面效果

将刚刚设置的水面复制一份,放置于水塘中,调整大小比例,让水面与周围地形相接,然后在水面上放置成组的荷花模型(见图 9-103)。

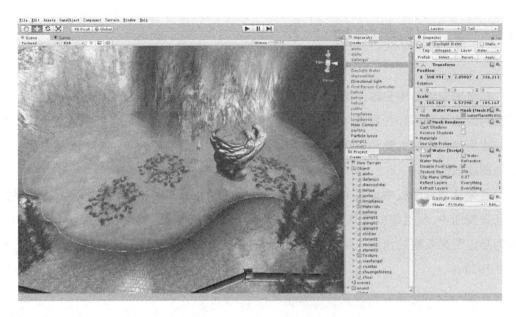

图 9-103　制作水塘水面效果

从项目面板中调用 Unity 预置资源中的 WaterFall（粒子瀑布），将其放置在地形山体顶部，让其形成下落的瀑布效果。设置 Inspector 面板中的粒子参数，将 Min Size 和 Max Size 分别设置为 3 和 8，Min Energy 和 Max Energy 分别设置为 3 和 5，然后调整瀑布的宽度，将 Ellipsoid X 值增大为 8，这样就完成了流动粒子瀑布效果的制作（见图 9-104）。

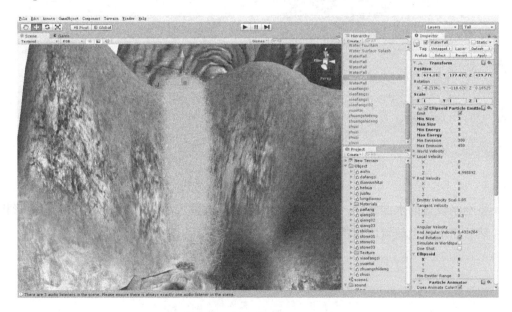

图 9-104　制作第一段粒子瀑布

接下来利用同样的方法制作第二段粒子瀑布。第二段粒子瀑布是从巨树后方的高地平台上流下来的，将 WaterFall 复制一份，放置在拱形岩石模型中间（见图 9-105）。

第 9 章 Unity/VR 游戏场景实例制作

图 9-105 制作第二段粒子瀑布

第二段粒子瀑布会直接流入水塘中，所以在瀑布与水面交界处需要添加水波浪花粒子特效。从项目面板中调用 Unity 预置资源中的 Water Surface Splash，将 Min Size 和 Max Size 分别设置为 5 和 10，Min Emission 和 Max Emission 分别设置为 60 和 100，特效的半径范围可以通过 Tangent Velocity Z 值来设定，这里我们将其设置为 6（见图 9-106）。

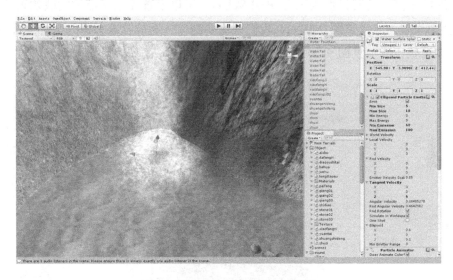

图 9-106 添加水波浪花粒子特效

从项目面板中调用 Unity 预置资源中的 Water Fountain（粒子喷泉），将粒子发射器放置在喷泉雕塑顶端。在 Inspector 面板中设置粒子参数，将 Min Size 和 Max Size 分别设置为 1 和 2，Min Energy 和 Max Energy 分别设置为 2 和 3，Min Emission 和 Max Emission 分别设置为 200 和 300，Local Velocity Y 值可以设置喷泉的高度，我们将其设置为 15（见图 9-107）。

247

图 9-107　制作顶部喷泉效果

接下来制作立柱下方兽面雕刻流出的喷泉效果，这里利用 WaterFall 来模拟喷泉，将 Min Size 和 Max Size 分别设置为 0.5 和 1.5，Min Energy 和 Max Energy 分别设置为 1 和 3，Min Emission 和 Max Emission 分别设置为 100 和 300；Local Velocity Z 值可以设置喷射的距离，将其设置为 3.7；Rnd Velocity 可以设置喷泉下端的发散效果，将 X、Y、Z 值都设置为 -1（见图 9-108）。我们只需要制作一面的喷泉效果，另外三面可以通过复制并调整完成（见图 9-109）。

图 9-108　制作底部喷泉效果

第 9 章　Unity/VR 游戏场景实例制作

图 9-109　通过复制并调整完成其他三面的粒子喷泉

然后我们来制作巨树的落叶粒子效果（见图 9-110），具体的参数设置在 Unity 粒子系统章节中已经详细讲解过，这里不再过多涉及。

图 9-110　制作落叶粒子效果

最后我们为整个场景设置雾效，雾效可以让场景具有真实的大气效果，让场景的视觉展现更富层次感，这也是游戏场景中必须要设置的基本特效。单击 Unity 引擎编辑器的 Edit 菜单，选择 RenderSettings 选项，在 Inspector 面板中勾选 Fog 选项激活雾效，

Fog Color 可以设置雾的颜色，通常设置为淡蓝色，将 Fog Mode 设置为 Linear，Fog Density 设置为 0.01，然后将雾的起始距离设置为 50～500 单位，也就是说将在玩家视线 50 单位以外到 500 单位内产生雾效（见图 9-111）。

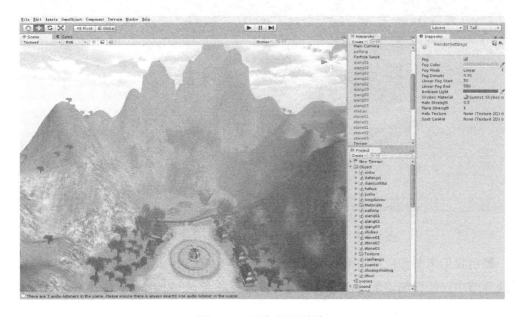

图 9-111　添加场景雾效

9.6　场景音效与输出设置

在整个游戏场景制作完成后，我们需要为场景添加音效和背景音乐。在本章实例场景中，最为突出的音效就是喷泉及瀑布的水流声，下面我们以此为例来介绍音效的添加方法。

首先在 Unity 项目文件夹 Assets 目录中创建 Sound 或 Music 文件夹，将音效或背景音乐的音频文件复制到其中，这样就可以在 Unity 引擎编辑器中随时调用这些音频文件。

Unity 的游戏音效以场景中的游戏对象为载体，通过添加 Audio Source 控制器来实现音效的添加。选中喷泉雕塑周围的水池平台，通过 Component 菜单中的 Audio 选项添加 Audio Source 控制器，在 Audio Clip 中添加喷泉的音效文件，勾选 Play On Awake 和 Loop 选项（如图 9-112），这样当玩家角色在场景中靠近水池平台时就会听到喷泉的水流音效。

第 9 章 Unity/VR 游戏场景实例制作

图 9-112 添加喷泉音效

利用同样的方法，我们将瀑布的水流音效添加到靠近水塘岸边的荷花模型上（见图 9-113）。对于音频所附属的游戏对象的选择并不是唯一的，可以根据场景的需要进行合适的选择。

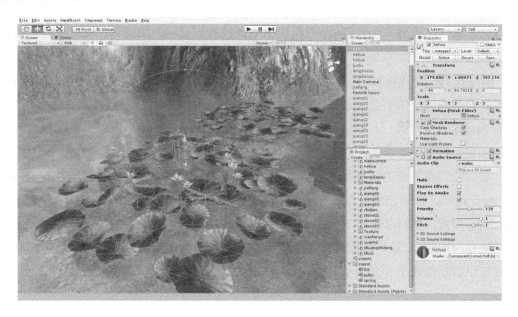

图 9-113 添加瀑布音效

接下来我们为整个游戏场景添加背景音乐，首先需要在场景视图中创建第一人称角色控制器，可以从项目面板的预置资源中调取。一个场景内游戏背景音乐通常是唯一的，

251

而且只能针对角色控制器来添加。通过 Component 菜单中的 Audio 选项为第一人称角色控制器添加 Audio Source 组件,然后将背景音乐的音频文件添加到 Audio Clip 中(见图 9-114)。

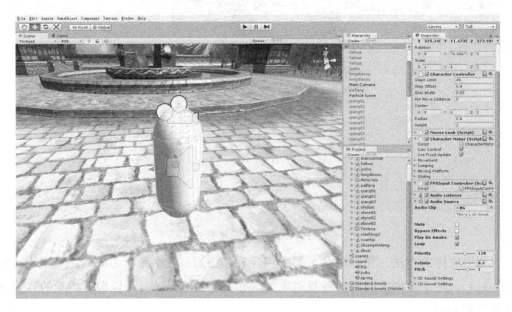

图 9-114　导入第一人称角色控制器并添加背景音乐

以上操作完成后,单击 Unity 工具栏中的播放按钮启动游戏场景,就可以通过角色控制器来查看整个游戏场景了,但这时我们发现游戏场景中并没有播放音效和背景音乐。虽然我们在游戏场景中设置了音频的输出,但由于没有设置音频的收集模块,所以在实际的游戏运行中不会听到任何声音。解决方法很简单,只要通过 Component 菜单中的 Audio 选项为第一人称角色控制器添加 Audio Listener 组件,当再次运行游戏时,就可以完美收听游戏音效和背景音乐了。

最后我们将制作的游戏场景进行简单的发布输出设置,单击 File 菜单中的 Build Settings 选项,在弹出的面板左下方窗口中选择 PC and Mac 选项,在窗口右侧选择 Windows 模式,然后单击右下角的 Build 按钮,这样整个游戏场景就被输出成了 .exe 格式的独立应用程序。运行程序时在首界面可以选择窗口分辨率和画面质量,单击 Play 按钮就可以启动游戏了(见图 9-115)。

第 9 章　Unity/VR 游戏场景实例制作

图 9-115　最终的游戏场景运行效果

第10章

HTC Vive VR 场景效果实现

在前面的章节中我们主要讲了如何利用 Unity 引擎制作游戏场景，最终完成的游戏场景必须要进行导出，才能真正实现可运行的游戏效果。如果将游戏场景导出为.exe 格式，那么最终就是在 PC 端运行的游戏场景；如果将游戏场景导出为.APK 格式，那么就是在移动端运行的游戏场景。同样，我们还可以将游戏场景导出为 PS4 或 Xbox 等家用游戏机格式。如果想实现真正的 VR 游戏效果，就必须将游戏场景导出到 VR 平台。本章我们就来学习如何将游戏场景导出到 HTC Vive 平台，实现真正的 VR 游戏效果。

10.1 安装 HTC Vive 硬件设备

对于 HTC Vive 平台的学习，我们首先要学会安装 HTC Vive 的硬件设备。当我们拿到一套 HTC Vive 设备后，打开产品的外包装后会依次看到如下硬件设备（见图 10-1）。

第 10 章 HTC Vive VR 场景效果实现

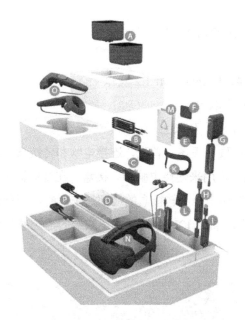

图 10-1 HTC Vive 硬件设备套装

对应图 10-1 中的硬件设备,我们分别进行了标注,其设备清单如下。

A:Lighthouse 基站两个。

B:同步线(基站可以无线同步,也可以通过有线连接)。

C:基站电源适配器两个。

D:安装工具包。

E:VR 头盔和电脑转接盒。

F:固定转接盒的专用贴片。

G:转接盒电源适配器。

H:HDMI 线缆(转接盒到电脑 1)。

I:USB 线缆(转接盒到电脑 2)。

J:耳机。

K:头盔备用棉垫。

L:擦拭布。

M:说明书。

N:VR 头盔。

O:VR 手柄两个。

P:VR 手柄充电器两个。

对于 HTC Vive 平台连接的电脑硬件设备要求如下。

显卡:NVIDIA GeForce GTX 970、AMD Radeon R9 290 及更高。

CPU：Intel i5-4590、AMD FX 8350 及更高。

内存：4 GB 以上。

视频接口：HDMI 1.4、DisplayPort 1.2 及以上。

USB 接口：USB 3.0 及以上。

操作系统：Windows 7 SP1 及以上。

下面我们开始安装 VR 硬件设备。首先，连接电脑和转接盒。在数据传输方面，HTC Vive 需要一个 USB 3.0 接口，用来连接电脑和转接盒。在视频输出方面，可以选择 HDMI 或 Mini-DisplayPort。所有连接电脑和转接盒的线都是灰色的，线材颜色与后者的外壳一致。USB 和 HDMI 连接完成后，插上 12V 电源线，电脑端的连接准备就完成了（见图 10-2）。

图 10-2　连接电脑和转接盒

接下来连接转接盒与 HTC Vive。这一步用到的三根线材很好认，接头边缘有一圈橙黄色。三根线材分别是 HDMI 线、USB 线和电源线。接好之后，如果看到 HTC Vive 的 LED 电源灯变红，则说明安装是正确的（见图 10-3）。

图 10-3　连接转接盒与 HTC Vive

这里我们不需要太过担心转接盒上线缆会连接错误，因为转接盒上明确标明了哪边连接 VR，哪边连接电脑。电脑端一侧小圆口接电源、USB 口接电脑 USB 口、HDMI 六边形口接电脑显卡。VR 端也是一样的，因为各种接口形状不同，基本不用担心会连错（见图 10-4）。

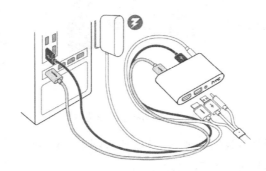

图 10-4　转接盒的连接方式

然后需要安装 Lighthouse 基站，我们需要在房间里找到可以安装它们的位置，主要是要找到合适的高度，可以购买设备专用配置的固定支架，如果没有，也可以选择书架顶端等比较理想的位置。这里遵循的原则是，两个基站所在的位置要可以覆盖房间的大部分区域，而且互相之间没有阻隔。如果两个基站中有一个位置满足不了，则可以在两个基站设备之间连接同步线（见图 10-5）。接好电源后，打开开关，如果一切正常，则可以看到基站上亮起绿色指示灯。

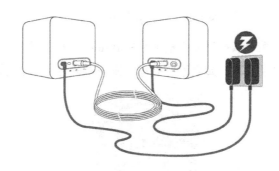

图 10-5　利用同步线连接两个基站

Lighthouse 基站会追踪头戴式显示器和控制器的感应器，所以请勿遮挡 LED 镜头。尽量将基站安装在高过头部的三脚支架、天花板或墙上，为了追踪精确，要确保两个基站的直线距离不超过 5m（见图 10-6）。之所以说基站的高度必须超过身高，是因为 HTC Vive 的游戏空间不是一个 3m×4m 的平面，而是一个 3m×4m×基站高度的立体空间，如果我们的头部超出这个空间上限，那么基站将失去与头盔的扫描连接。

图 10-6　基站的合适安装位置

硬件设备安装完成后,我们需要从 HTC 的官网上下载 Vive 的专用软件,用于接下来手柄和设备的调试及校准(见图 10-7)。

图 10-7　安装 HTC Vive 软件

长按控制手柄上的系统按钮启动手柄(见图 10-8),手柄上的指示灯亮起,听到声响并震动,说明控制手柄已经启动。如果没有启动,则可以通过电源适配器给手柄充电。

图 10-8　启动控制手柄

接下来进行设备调试,首先确定自己使用区域的范围,两个基站对角线所在的区域长×宽不小于 2m×1.5m。然后站在空间区域的正中间，将控制手柄对准电脑显示器，用食指触按手柄扳机键（见图10-9）。

图10-9　确定空间区域

将两个手柄控制器同时放在地面上，并保证控制器可以被两个基站所扫描到，然后在设置软件上单击"校准地面"（见图10-10）。

图10-10　校准地面

下面将对可用空间进行测量，也就是当我们戴上 VR 头盔时，要保证该区域空间是畅通无阻的。握住手柄控制器，触按扳机键，利用控制器顶部的感应元件扫描区域四周的行动空间，扫描出的行动区域应该保证其上、下、左、右都是无阻碍的（见图10-11）。

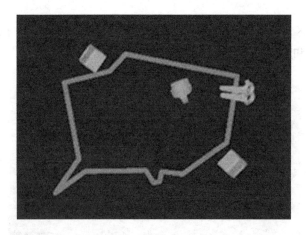

图 10-11　扫描行动区域

图 10-12 中的矩形范围就是我们使用 VR 的最大空间范围,同时设置软件还可以测量出这一空间的长宽数据。接下来我们就可以戴上 VR 头盔、耳机,手持控制器使用 VR 了。

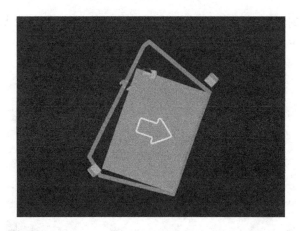

图 10-12　扫描出的有效空间范围

10.2　Unity 插件的安装与设置

在开始 Unity 的 VR 制作前,我们必须要安装必要的插件,首先要安装 SteamVR。SteamVR SDK 是由 Valve 公司提供的官方库,以简化 Vive 的开发。其当前在 Unity Asset 商店中是免费的,它同时支持 Oculus Rift 和 HTC Vive 硬件平台。在 Unity 菜单栏中选择 Window 菜单,单击 Asset Store 打开 Asset 商店(见图 10-13)。

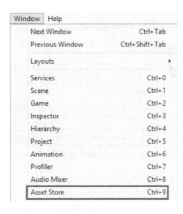

图 10-13　打开 Asset 商店

当商店页面加载完成后，在搜索栏中输入 StreamVR，浏览搜索结果，选择 SteamVR Plugin 并下载（见图 10-14）。

图 10-14　下载 SteamVR Plugin

下载完成后将 SteamVR 插件包导入到 Unity 引擎中（见图 10-15）。导入完成后会弹出提示框，单击 I Made a Backup.GO Ahead! 按钮，让编辑器对脚本进行预编（见图 10-16）。

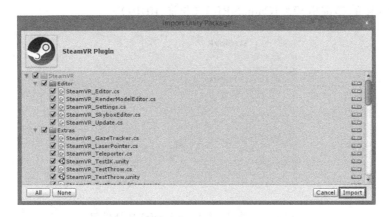

图 10-15　导入插件包

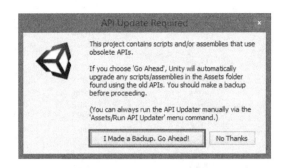

图 10-16　弹出的提示框

之后会弹出 SteamVR 插件的设置界面,它会列出一些编辑器设置,这些设置能够提升性能和兼容性。当我们打开一个新项目并导入 SteamVR 时,通常会看到如图 10-17 所示的几个选项,单击 Accept All 按钮,执行所有推荐的修改。

图 10-17　插件设置界面

完成 SteamVR 插件包的安装后,打开 Unity 引擎编辑器,在项目面板中的 Assets 里可以看到新的模块 SteamVR(见图 10-18)。单击 SteamVR 下的 Prefabs 文件夹,在其下面包含 VR 的摄像机模块[CameraRig](见图 10-19)。

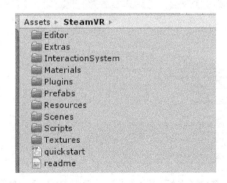

图 10-18　项目面板中的 SteamVR 插件包

第 10 章　HTC Vive VR 场景效果实现

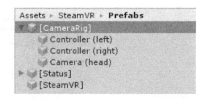

图 10-19　VR 的摄像机模块

接下来将[CameraRig]和[SteamVR]同时拖曳到层级面板中，在游戏项目场景窗口中就会出现如图 10-20 所示的效果，图中的蓝色线框区域就是 VR 活动的范围区域，[SteamVR]所在的位置就是 VR 头盔初始化所在的位置。这样就完成了 VR 硬件在 Unity 引擎中的基本设置和导入，当我们戴上 VR 头盔时，就可以直接观察到 Unity 引擎中的游戏场景效果。

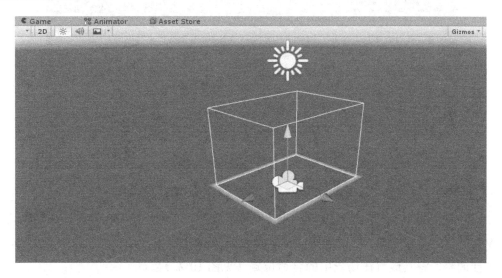

图 10-20　VR 初始化区域

10.3　HTC Vive 运行与 VR 游戏场景浏览

在这一节内容中，我们来学习如何将制作完成的游戏场景利用 HTC Vive 来进行 VR 浏览和交互。我们选取上一章实例制作中利用 Unity 引擎完成的游戏场景，首先启动 Unity 引擎编辑器，选择并打开游戏项目。在界面视图中单击 Assets 菜单，导入 SteamVR 插件包，其导入过程跟上一节内容一致（见图 10-21）。

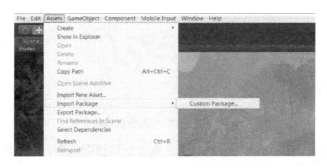

图 10-21 导入 SteamVR 插件包

接下来打开项目面板中 Assets 下的 SteamVR 插件包中的 Prefabs 文件夹，将[Status]、[CameraRig]和[SteamVR]同时拖曳到层级面板中（见图 10-22）。

图 10-22 添加 VR 模块

在界面视图中会出现蓝色线框和 VR 摄像机图标，这就是我们实际的 VR 活动范围和 VR 视角的初始位置。同时选中[Status]、[CameraRig]和[SteamVR]模块，通过移动命令进行调整，将其放置在场景中的合适位置（见图 10-23）。

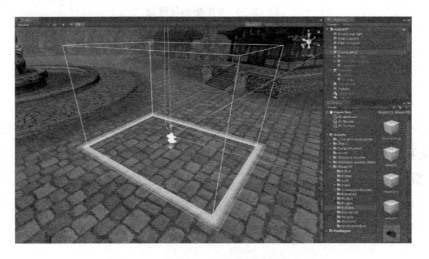

图 10-23 调整 VR 活动范围和视角位置

然后启动 HTC Vive，戴上 VR 头盔就可以对 Unity 引擎中的游戏场景进行实时观察了（见图 10-24）。

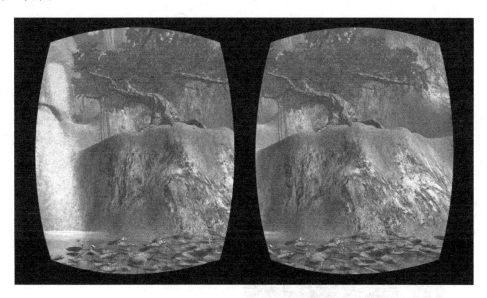

图 10-24　HTC Vive 显示的游戏场景画面

接下来我们讲一下 VR 视角下的移动。对于传统三维游戏而言，一般通过键盘、游戏手柄等设备对游戏中的角色和视角进行移动控制。而 VR 属于仿真显示，正常来说，当我们佩戴上 VR 头盔后，可以在适当的活动范围内通过身体移动来实现 VR 视角下的移动，这都是正常的。但如果在 VR 视角下通过键盘或游戏手柄来主动控制移动，就会让佩戴 VR 头盔的人产生眩晕感，这种体验就类似于在游乐场坐过山车的感觉。

在前面的章节中我们讲过，HTC Vive 的活动空间是有限的，即在两个基站对角线所确定的空间内进行活动，所以对于大型的游戏场景，就类似于我们实例制作的游戏场景而言，是不可能通过正常人体移动来实现整个场景的浏览的。对于这种情况，我们在 VR 游戏制作中就会引入一个概念——"瞬移"。所谓"瞬移"，就是将游戏中的角色和视角通过瞬间的位置改变来实现移动的一种操控方式。

例如在图 10-25 中，A 框中的区域为 VR 视角的初始区域，玩家可以佩戴 VR 设备在 A 区域内进行自由活动。如果玩家想要在场景中进行 B 区域的浏览，则可以通过瞬移操作直接移动到 B 区域。当瞬移到 B 区域后，玩家又可以在 B 区域内进行自由活动。同样，玩家可以用瞬移操作移动到 C、D、E、F 等区域。这种操作的优势是解决了 VR 移动的限制性，同时又避免让玩家产生眩晕感，这也是目前很多 VR 游戏中常用的技术手段。

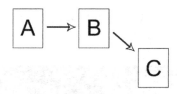

图 10-25　瞬移操作示意图

其实从技术角度来说，瞬移操作就是修改了[Status]、[CameraRig]和[SteamVR]模块在游戏场景中的坐标位置，使其瞬间匹配到游戏场景中的合适位置上，下面我们来简单介绍一下如何实现。在 Unity Asset 商店中搜索 VIVE Input Utility 插件包，这个插件包中包含官方预置的几种输入和操作模块，其中就包括瞬移操作（见图 10-26）。

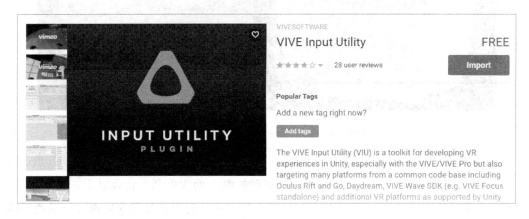

图 10-26　下载 VIVE Input Utility 插件包

下面我们简单讲解一下瞬移操作的实现流程。首先将 Unity 视图中的默认摄像机删除，然后在层级面板中创建一个空的游戏物体，将 SteamVR 插件包中的[CameraRig]模块拖曳到层级面板中，让其成为空物体的子物体（见图 10-27）。

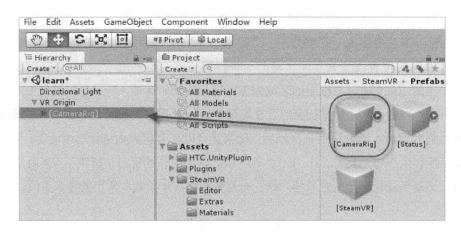

图 10-27　创建摄像机

接下来将 VIVE Input Utility 插件包中的 VivePointers 组件拖曳到层级面板中，并且也让其成为空物体的子物体，该组件就是用来设置瞬移传送的（见图 10-28）。

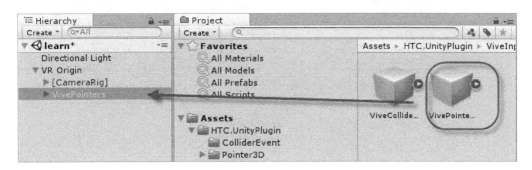

图 10-28　添加 VivePointers 组件

选择想要传送到的目标地点的区域模型，也就是之前说的将活动范围区域从 A 瞬移到 B，那么就要选择 B 区域所在的模型物体，比如地面、建筑物、高台等。然后在 Inspector 面板中单击 Add Component 按钮为其添加 Teleportable 脚本组件，该脚本组件也是 VIVE Input Utility 插件包中附带的（见图 10-29）。

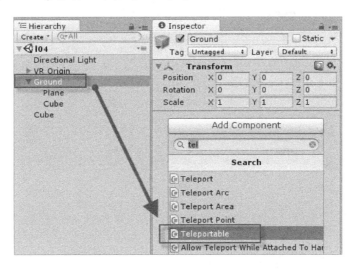

图 10-29　添加 Teleportable 脚本组件

添加 Teleportable 脚本组件后，我们对脚本下的 Target 和 Pivot 进行设置，将之前创建的父物体（最早创建的空物体）指定到 Target，将[CameraRig]下的 Camera(head)指定到 Pivot（见图 10-30）。Target 指想要瞬移的目标物体；Pivot 指瞬移的中心点，即 VR 摄像机。

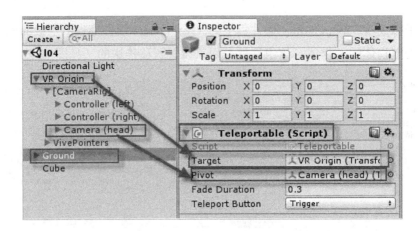

图 10-30　设置 Teleportable 脚本组件

设置完成后我们就可以利用 HTC Vive 的手柄控制器来实现摄像机视角的瞬移操作了，触按手柄控制器的扳机键可以弹出虚拟线指示图标，将图标对准游戏场景中想要瞬移的区域，再松开按键就可以将摄像机直接传送到目标区域，这样就可以在新的区域内实现 VR 浏览。